高等学校教学用书

# 数字电子技术基础教程

主　编　刘志刚　陈小军
副主编　黄　铂　胡燕妮
　　　　田　磊　任少峰

北　京
冶金工业出版社
2010

# 内 容 简 介

本书介绍了数字电路的基础知识和常规内容，同时还介绍了数字电子技术的新器件、新技术，其中包括常用中、大规模数字集成电路的分析与应用，各类常用器件的测试技能等。全书共分 8 章，包括数字电路基础、门电路、组合逻辑电路的分析与设计、触发器、时序逻辑电路的分析与设计、脉冲波形的产生和整形、模拟量和数字量的转换及数字电子技术实验实训等。

本书深入浅出，重点明确，实例丰富，可以作为高校电子、通信、光电、计算机、电气及自动化等相关专业的教学用书，尤其适合高职高专院校和应用型本科院校电气信息类专业使用；也可供高级技术人员参考或作为相关工程技术人员的培训教材及应用参考书。

**图书在版编目（CIP）数据**

数字电子技术基础教程/刘志刚，陈小军主编 . —北京：
冶金工业出版社，2010. 8
高等学校教学用书
ISBN 978-7-5024-5313-8

Ⅰ. ①数…  Ⅱ. ①刘…  ②陈…  Ⅲ. ①数字电路—
电子技术—高等学校—教材  Ⅳ. ①TN79

中国版本图书馆 CIP 数据核字（2010）第 155337 号

出 版 人  曹胜利
地    址  北京北河沿大街嵩祝院北巷 39 号，邮编 100009
电    话  (010)64027926  电子信箱  yjcbs@ cnmip. com. cn
责任编辑  张  晶  张  卫  美术编辑  李  新  版式设计  葛新霞
责任校对  卿文春  责任印制  张祺鑫
ISBN 978-7-5024-5313-8
北京印刷一厂印刷；冶金工业出版社发行；各地新华书店经销
2010 年 8 月第 1 版，2010 年 8 月第 1 次印刷
787mm×1092mm  1/16；10.5 印张；276 千字；156 页
**23. 00 元**

冶金工业出版社发行部  电话：(010)64044283  传真：(010)64027893
冶金书店  地址：北京东四西大街 46 号（100010）  电话：(010)65289081（兼传真）
（本书如有印装质量问题，本社发行部负责退换）

# 前　言

　　"数字电子技术"是电子、通信、光电、计算机、电气及自动化等电类专业的一门重要专业基础课。随着电子技术和信息处理技术的迅猛发展，数字电子技术已成为当今电子领域不可或缺的一项技术。为了适应21世纪电子技术人才的培养需要，编者根据多年教学经验和体会，编写了本教材。本书系统地介绍了数字电子技术的基本理论和分析、设计方法，以及常用数字电路电子器件的应用。希望学生在学习完本教材后，能熟练掌握常用数字电路的基本结构和分析方法，为学习后续课程和将来从事电子技术及相关方面的工作打下良好的基础。

　　全书共分8章。第1章介绍了数字电路的基础知识、数字电路的测试方法以及逻辑代数、逻辑函数的各种表示方法和化简方法；第2章介绍了门电路及其基本应用；第3章介绍了组合逻辑电路，包括组合逻辑电路的分析、设计方法以及常用组合逻辑器件的应用；第4章讲述了各类触发器，包括触发器的组成与测试；第5章介绍了时序逻辑电路及其分析、设计和应用；第6章介绍了脉冲波形的产生和整形电路；第7章介绍了模拟量和数字量的转换接口（A/D与 D/A）电路及其常用器件；第8章介绍了6个典型的数字电子技术实验实训，供读者参考。

　　根据高职高专学校和应用型本科院校教学实际情况而编制的本教材具有一些鲜明的特色：

　　（1）针对实践性本、专科的教学特点，精选教材内容。根据"以实用为主，理论够用为度"的编写原则，选择学生能在后续课程和今后工作中应用的知识点为基础进行理论讨论和分析计算，所涉及的概念描述清晰简练，学习目的明确，内容鲜明实用。

　　（2）编者注重理论的严谨性，在保持内容的先进性、完整性的同时，叙述力求深入浅出，且注重实用性。本书对每个问题的理论和概念的叙述力求由浅入深，避免了一些复杂的理论推导与计算，着重于结果的应用和物理意义的表述，特别是注重图解法与形象化的描述。

　　（3）习题的选择"少而精"。根据每章要求学生必须掌握的知识点，精选了相应的习题。这样不仅让学生在练习中加深对知识点的印象，而且避免了学生因学习负担过重而缺乏自信心的情况。

　　（4）全书结构合理，内容精炼，图文搭配，既方便教师课堂讲授，也利于学生课后自学。

　　通过本课程的教学，力求使学生具备以下能力：（1）能正确分析常见数字电路；（2）能准确设计简单数字电路；（3）能利用所学知识进行与数字电路相关的电子综合设计。

　　本书第 1 章由任少峰执笔；第 2 章由陈小军执笔；第 3 章由胡燕妮执笔；第 4 章由黄铂执笔；第 5、第 6、第 8 章和所有章节课后习题及参考答案由刘志刚执笔；第 7 章由田磊执笔。全书由刘志刚统稿，由熊年禄教授审稿。

　　本书的编写工作得到了武汉理工大学、武汉生物工程学院、中国地质大学江城学院、湖北生态工程职业技术学院、河南工业职业技术学院等院校领导和同事们的大力支持，编写中熊年禄教授给予了热情的关心和帮助，在此一并表示衷心的感谢，同时也向本书编写过程中所用到的参考文献的作者表示最诚挚的谢意。读者如需本书的课后习题详细解答和配套电子课件，或有相关建议和意见，请发邮件到 893694917@ qq. com。

编　者

2010 年 6 月

# 目　　录

# 1 数字电路基础

伴随现代电子技术的发展，人们正处于一个信息高速发展的时代，"数字"二字正以越来越高的频率出现在各个领域，如数字电视、数字通信、数字控制等，数字化已成为当今电子技术的发展潮流。数字电路几乎应用于每一个电子设备或电子系统中。电子计算机、数控技术、通讯设备、图像处理、数字仪表等无一不采用数字电路。

本章首先介绍数字电路的一些基本概念、特点及常用数制和码制；然后介绍逻辑代数中的基本运算、常用公式及基本定理；最后介绍逻辑函数及其表示和化简方法。

## 1.1 概　　述

### 1.1.1 数字电路的基本概念及其特点

#### 1.1.1.1 数字信号

电子电路中的信号可分为两类：一类是指时间上和数值上都连续变化的信号，称为模拟信号，如图 1-1 所示；另一类是指时间和数值上都不连续变化的离散信号，称为数字信号，如图 1-2 所示。

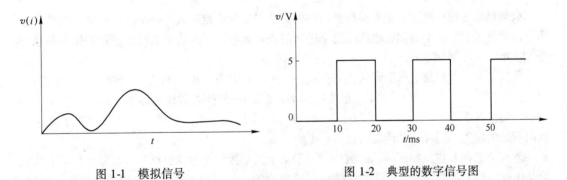

图 1-1　模拟信号　　　　　　　　　　　　图 1-2　典型的数字信号图

数字信号是表示数字量的信号，一般来说，数字信号是在两个稳定状态之间作跳跃式变化，它有电位型和脉冲型两种表示形式：（1）用高低不同电位信号表示数字 1 和 0 的是电位型表示法；（2）用有无脉冲表示数字 1 和 0 的是脉冲型表示法。

#### 1.1.1.2 数字电路

用于生产、传输、处理数字信号的电路称为数字电路。

A　数字电路的分类

数字电路按其组成结构不同分为分立元件和集成电路两类。其中，集成电路按集成度大小分为小规模集成电路（SSI 集成度为 1～10 门/片）、中规模集成电路（MSI 集成度为 10～100 门/片）、大规模集成电路（LSI 集成度为 100～1000 门/片）和超大规模集成电路（VLSI 集成度为大于 1000 门/片）。

按电路所用器件不同分为双极型和单极型电路。其中双极型电路有 DTL、TTL、ECL 等；单极型电路有 JFEI、NMOS、PMOS、CMOS 等。

按电路逻辑功能的特点分为组合逻辑电路和时序逻辑电路两大类。

B　数字电路的特点

与模拟电路相比，数字电路具有以下特点：

（1）在数字电路中一般采用二进制，因此凡元件具有的两个稳定状态都可用来表示二进制的两个数码，故其基本单元电路简单，对电路中各元件的精度要求不很严格，允许元件参数有较大的分散性，只要能区分两种截然不同的状态即可。这一特点对实现数字电路集成化是十分有利的。

（2）数字电路不仅具有算术运算功能，还具有一定的"逻辑思维功能"。电路的输出与输入之间的关系是逻辑关系，因此数字电路又称为逻辑电路。

（3）抗干扰能力强、精度高。由于数字电路传递、加工和处理的是二值信息，不易受外界干扰，因而抗干扰能力强。另外，它可用增加二进制数位数的方法来提高电路的精度。

（4）数字信号便于长期存储，使大量可贵的信息资源得以保存。

（5）保密性好。在数字电路中可以进行加密处理，使一些私密资料不易被窃取。

（6）通用性强。可以采用标准化的逻辑部件来构成各种各样的逻辑系统。

由于数字电路具有以上特点，其发展十分迅速，在国民经济的各个方面得到了越来越广泛的应用。

## 1.1.2　数制和码制

### 1.1.2.1　十进制

数制也称进位计数制，是人类按照进位的方法对数量进行计数的一种统计规律。在日常生活中，常常用到的是十进制，也就是逢十进一的进位计数制。在数字系统中，常常用到的数制是二进制、八进制和十六进制。

基数是指一种数制中所用到的数码个数。一般称基数为 $R$ 的数制为 $R$ 进制，即逢 $R$ 进一，它包括 0、1、…、$R$ 等 $R$ 个数码。所谓十进制就是以 10 为基数的计数体制。因此，在十进制数中，每位有 0、1、2、3、4、5、6、7、8、9 十个不同的数码，其进位规律是"逢十进一"。数码所处的位置不同时，其代表的数值也不同。

位权是指在 $R$ 进位制所表示的数中，处于某个固定数位上的计数单位。某一个数位上的数值是由这一位上的数字乘以这个数位的位权值得到的。不同的数位上有不同的位权值。例如，十进制百位的位权值是 $10^2$，千位的位权值是 $10^3$，百分位的位权值是 $10^{-2}$ 等。位权值简称为权。以十进制数 137.25 为例，有：

$$(137.25)_{10} = 1 \times 10^2 + 3 \times 10^1 + 7 \times 10^0 + 2 \times 10^{-1} + 5 \times 10^{-2}$$

上式左端括号下方数字 $R(10)$ 代表 $R(10)$ 进制，其他进制相同。通常在数字后面紧跟一英文字母表示该数为几进制，例如 D 代表十进制，B 代表二进制，H 代表十六进制，O 代表八进制等等。在约定的情况下，后缀可以省去。

### 1.1.2.2　二进制

在数字电路中，数以电路的状态来表示。找一个具有十种状态的电子器件比较困难，而找一个具有两种状态的器件很容易，所以数字电路中广泛使用二进制。二进制的数码只有两个，即 0 和 1，进位规律是"逢二进一"。

二进制数 1011.01 可以用一个多项式形式表示成：

$$(1011.01)_2 = 1 \times 2^3 + 0 \times 2^2 + 1 \times 2^1 + 1 \times 2^0 + 0 \times 2^{-1} + 1 \times 2^{-2}$$

对任意一个二进制数可表示为：

$$(N)_2 = \sum_{i=-m}^{n-1} a_i \times 2^i$$

（1）二进制的加法规律：$0+0=0$；$1+1=1$；$0+1=1+0=1$。

（2）二进制的乘法规律：$0 \times 0 = 0$；$1 \times 1 = 1$；$0 \times 1 = 1 \times 0 = 0$。

可见，二进制的运算规律非常简单，而且因为它每位只有 0 和 1 两种表示，所以在数字系统中实现起来很方便，如人们经常用 0 来表示低电位或晶体管的导通，用 1 来表示高电位或晶体管的截止等。

### 1.1.2.3 八进制、十六进制

基数为 8 的数制为八进制，因此，在八进制中，进位规律是"逢八进一"，表示数值的数字有 8 个即 0~7。

基数为 16 的数制为十六进制，因此，在十六进制中，进位规律是"逢十六进一"，十六进制表示数值的数字比较特殊，共有 16 个，包括 0~9 十个数字和六个符号 A、B、C、D、E、F（相当于十进制的 10~15）。

### 1.1.2.4 各进制之间的转换

在计算机中存储数据和对数据进行运算采用的是二进制，当把数据输入到计算机中，或者从计算机中输出数据时，要进行不同计数制之间的转换。

A 二进制转换成十进制

[例 1-1] 将二进制数 11011.101 转换成十进制数。

解：将每一位二进制数乘以位权，然后相加，可得：

$$(11011.101)_2 = 1 \times 2^4 + 1 \times 2^3 + 0 \times 2^2 + 1 \times 2^1 + 1 \times 2^0 + 1 \times 2^{-1} + 0 \times 2^{-2} + 1 \times 2^{-3}$$
$$= (27.625)_{10}$$

B 十进制转换成二进制

可用"除 2 取余"法将十进制的整数部分转换成二进制。

[例 1-2] 将十进制数 23 转换成二进制数。

解：根据"除 2 取余"法的原理，按如下步骤转换：

$$
\begin{array}{r l}
2\underline{|23} & \cdots\cdots\cdots \text{余1}\ b_0 \\
2\underline{|11} & \cdots\cdots\cdots \text{余1}\ b_1 \\
2\underline{|5} & \cdots\cdots\cdots \text{余1}\ b_2 \\
2\underline{|2} & \cdots\cdots\cdots \text{余0}\ b_3 \\
2\underline{|1} & \cdots\cdots\cdots \text{余1}\ b_4 \\
0 &
\end{array}
$$

读取次序

则 $(23)_{10} = (10111)_2$

C 二进制转换成十六进制

由于十六进制基数为 16，而 $16 = 2^4$，因此，4 位二进制数就相当于 1 位十六进制数。

二进制整数转换为十六进制数的方法是：从二进制数的最低位开始，每 4 位分成一组，若最高位的一组不足 4 位，则在其左边添加 0 补足 4 位，然后用每组 4 位二进制数所对应的十六

进制数取代该组的 4 位二进制数，就可以得到对应的十六进制数。

[例1-3] 将二进制数 1101101. 101011 转换成十六进制数。

**解：**    $(1101101.101011)_2 = (0110\ 1101.\ 1010\ 1100)_2 = (6D.\ AC)_{16}$

同理，若将二进制数转换为八进制数，可将二进制数分为 3 位一组，再将每组的 3 位二进制数转换成一位 8 进制即可。

D 十六进制转换成二进制

由于每位十六进制数对应于 4 位二进制数，因此，十六进制数转换成二进制数，只要将每一位变成 4 位二进制数，按位的高低依次排列即可。

[例1-4] 将十六进制数 6E. 3B5 转换成二进制数。

**解：** $(6E.3B5)16 = (110\ 1110.\ 0011\ 1011\ 0101)_2$

同理，若将八进制数转换为二进制数，只需将每一位变成 3 位二进制数，按位的高低依次排列即可。

**1.1.2.5 编码**

用二进制数码表示十进制数或其他特殊信息，如字母、符号等的过程称为编码。编码在数字系统中经常使用，例如通过计算机键盘将命令、数据等输入后，首先将它们转换为二进制码，然后才能进行信息处理。

A 二—十进制码（BCD 码）

二—十进制码是用四位二进制码表示一位十进制数的代码，简称为 BCD 码。这种编码的方法很多，常用的有 8421 码、5421 码和余 3 码等。

a 8421 码

8421 码是最常用的一种十进制数编码，它是用四位二进制数 0000 到 1001 来表示一位十进制数，每一位都有固定的权，从左到右，各位的权依次为 $2^3$、$2^2$、$2^1$、$2^0$，即 8、4、2、1。可以看出，8421 码对十进制数的十个数字符号的编码表示和二进制数中表示的方法完全一样，但不允许出现 1010 到 1111 这六种编码，因为没有相应的十进制数字符号和其对应。表 1-1 中给出了 8421 码和十进制数之间的对应关系。

表 1-1 8421 码和十进制数之间的对应关系

| 十进制数 | 8421 码 | 十进制数 | 8421 码 |
| --- | --- | --- | --- |
| 0 | 0000 | 5 | 0101 |
| 1 | 0001 | 6 | 0110 |
| 2 | 0010 | 7 | 0111 |
| 3 | 0011 | 8 | 1000 |
| 4 | 0100 | 9 | 1001 |

[例1-5] 将十进制数 78. 35 转换成 BCD 码。

**解：** $78.35 = (0111\ 1000.0011\ 0101)_{BCD}$

b 余 3 码

余 3 码也是用四位二进制数表示一位十进制，但对于同样的十进制数字，其表示比 8421 码多 0011（3），所以叫余 3 码。余 3 码用 0011 到 1100 这十种编码表示十进制数的十个数字符号，它与十进制数之间的对应关系如表 1-2 所示。

**表 1-2　余 3 码和十进制数之间的对应关系**

| 十进制数 | 余 3 码 | 十进制数 | 余 3 码 |
|---|---|---|---|
| 0 | 0011 | 5 | 1000 |
| 1 | 0100 | 6 | 1001 |
| 2 | 0101 | 7 | 1010 |
| 3 | 0110 | 8 | 1011 |
| 4 | 0111 | 9 | 1100 |

余 3 码表示不像 8421 码那样直观，各位也没有固定的权。但余 3 码是一种对 9 的自补码，即将一个余 3 码按位变反，可得其对 9 的补码，这在某些场合是十分有用的。两个余 3 码也可直接进行加法运算，如果对应位的和小于 10，结果减 3 校正，如果对应位的和大于 9，可以加上 3 校正，最后结果仍是正确的余 3 码。

c　ASCII 码

ASCII 码是美国国家信息交换标准代码（American National Standard Code For Information Interchange）的简称，是当前计算机中使用最广泛的一种字符编码，主要用来为英文字符编码。当用户将包含英文字符的源程序、数据文件、字符文件从键盘上输入到计算机中时，计算机接收并存储的就是 ASCII 码。计算机将处理结果送给打印机和显示器时，除汉字以外的字符一般也是用 ASCII 码表示的。

ASCII 码包含 52 个大、小写英文字母，10 个十进制数字字符，32 个标点符号、运算符号、特殊号，还有 34 个不可显示打印的控制字符编码，一共是 128 个编码，正好可以用 7 位二进制数进行编码。也有的计算机系统使用由 8 位二进制数编码的扩展 ASCII 码，其前 128 个是标准的 ASCII 码字符编码，后 128 个是扩充的字符编码。

B　格雷码（GRAY）

格雷码（GRAY）又叫循环码，具有多种编码形式，但都有一个共同的特点，就是任意两个相邻的循环码仅有一位编码不同，这个特点有着非常重要的意义。例如四位二进制计数器，在从 0101 变成 0110 时，最低两位都要发生变化。当两位不是同时变化时，如最低位先变，次低位后变，就会出现一个短暂的误码 0100。采用循环码表示时，因为只有一位发生变化，就可以避免出现这类错误。循环码是一种无权码，每一位都按一定的规律循环。表 1-3 给出了一种四位循环码的编码方案。可以看出，任意两个相邻的编码仅有一位不同，而且存在一个对称轴（在 7 和 8 之间），对称轴上边和下边的编码，除最高位是互补外，其余各个数位都是以对称轴为中线镜像对称的。

**表 1-3　循环码和十进制数之间的对应关系**

| 十进制数 | 二进制数 | 循环码 | 十进制数 | 二进制数 | 循环码 |
|---|---|---|---|---|---|
| 0 | 0000 | 0000 | 8 | 1000 | 1100 |
| 1 | 0001 | 0001 | 9 | 1001 | 1101 |
| 2 | 0010 | 0011 | 10 | 1010 | 1111 |
| 3 | 0011 | 0010 | 11 | 1011 | 1110 |
| 4 | 0100 | 0110 | 12 | 1100 | 1010 |
| 5 | 0101 | 0111 | 13 | 1101 | 1011 |
| 6 | 0110 | 0101 | 14 | 1110 | 1001 |
| 7 | 0111 | 0100 | 15 | 1111 | 1000 |

C　奇偶校验码

为了提高存储和传送信息的可靠性，广泛使用一种称为校验码的编码。校验码是将有效信息位和校验位按一定的规律编成的码。校验位是为了发现和纠正错误添加的冗余信息位。在存储和传送信息时，将信息按特定的规律编码，在读出和接收信息时，按同样的规律检测，看规律是否破坏，从而判断是否有错。目前使用最广泛的是奇偶校验码和循环冗余校验码。奇偶校验码是一种最简单的校验码，它的编码规律是在有效信息位上添加一位校验位（一般加在最低或最高位），使编码中 1 的个数是奇数或偶数。编码中 1 的个数是奇数的称为奇校验码，1 的个数是偶数的称为偶校验码，如表 1-4 所示。

**表 1-4　ASCII 码、奇偶校验码与十进制数之间的对应关系**

| 十进制数 | ASCII 码 | 奇校验码 | 偶校验码 |
| --- | --- | --- | --- |
| 0 | 0110000 | 10110000 | 00110000 |
| 1 | 0110001 | 00110001 | 10110001 |
| 2 | 0110010 | 00110010 | 10110010 |
| 3 | 0110011 | 10110011 | 00110011 |
| 4 | 0110100 | 00110100 | 10110100 |
| 5 | 0110101 | 10110101 | 00110101 |
| 6 | 0110110 | 10110110 | 00110110 |
| 7 | 0110111 | 00110111 | 10110111 |
| 8 | 0111000 | 00111000 | 10111000 |
| 9 | 0111001 | 10111001 | 00111001 |

奇偶校验码在编码时可根据有效信息位中 1 的个数决定添加的校验位是 1 还是 0，校验位可添加在有效信息位的前面，也可以添加在有效信息位的后面。表 1-4 给出了数字 0 到 9 的 ASCII 码的奇校验码和偶校验码，校验位添加在 ASCII 码的前面。在读出和接收奇偶校验码时检测编码中 1 的个数是否符合奇偶规律，如不符合则有错。奇偶校验码可以发现错误，但不能纠正错误。当出现偶数个错误时，奇偶校验码也不能发现错误。

# 1.2　逻辑代数中的基本逻辑运算

数字系统中的逻辑电路品种繁多、功能各异，但它们的逻辑关系均可用三种基本逻辑运算综合而成。这三种基本逻辑运算是：与运算、或运算和非运算。下面分别进行介绍。

## 1.2.1　"与"运算（AND）

与运算表示这样一种逻辑关系：只有当决定某一事件的所有条件都具备时，这一事件才会发生，这种因果关系被称为"与逻辑"。在图 1-3 所示电路中，只有当两个开关均闭合时，灯 F 才会亮。因此灯 F 与开关 A、B 之间是与逻辑关系。逻辑代数中，与逻辑关系用与运算描述，其运算符号为"·"，上述逻辑可表示为：$F = A \cdot B$，这里 A、B 是逻辑变量，F 表示运算结果。F 是 A、B 的逻辑乘（假定开关断开用 0 表示，开关闭合用 1 表示；灯灭用 0 表示，灯亮用 1 表示），若 A、

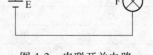

图 1-3　串联开关电路

$B$ 均为 1，则 $F$ 为 1；否则，$F$ 为 0。这里灯 F 与开关 A、B 的关系如表 1-5 所示，该表格称为真值表。

表 1-5　与逻辑真值表

| A | B | F | A | B | F |
|---|---|---|---|---|---|
| 0 | 0 | 0 | 1 | 0 | 0 |
| 0 | 1 | 0 | 1 | 1 | 1 |

与逻辑的运算法则为：

$$0 \cdot 0 = 0 \quad 1 \cdot 0 = 0 \quad 0 \cdot 1 = 0 \quad 1 \cdot 1 = 1$$

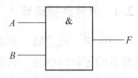

数字系统中，实现与运算的电路称为与门，与门的逻辑符号如图 1-4 所示。

图 1-4　与门逻辑符号

### 1.2.2　"或"运算（OR）

或运算表示这样一种逻辑关系：决定某一事件发生的所有条件中，只要有一个或一个以上的条件具备，这一事件就会发生，这种因果关系称为"或逻辑"。在图 1-5 所示电路中，开关 A、B 并联控制灯 F。当开关 A、B 中有一个闭合或者两个均闭合时，灯 F 即亮。因此，灯 F 和开关 A、B 之间的关系是或逻辑关系。在逻辑代数中，或逻辑关系用或运算描述，其运算符号为" ＋ "。上述逻辑关系可以表示为：$F = A + B$。$A$、$B$ 中只要有一个为 1，则 $F$ 为 1；仅当 $A$、$B$ 均为 0 时，$F$ 才为 0。灯 F 与开关 A、B 的关系也可用表 1-6 表示。

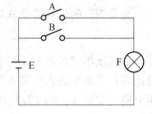

图 1-5　并联开关电路

表 1-6　或逻辑真值表

| A | B | F | A | B | F |
|---|---|---|---|---|---|
| 0 | 0 | 0 | 1 | 0 | 1 |
| 0 | 1 | 1 | 1 | 1 | 1 |

或运算的运算法则为：

$$0 + 0 = 0 \quad 1 + 0 = 1 \quad 0 + 1 = 1 \quad 1 + 1 = 1$$

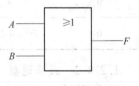

在数字系统中，实现或运算的电路称为或门，或门的逻辑符号如图 1-6 所示。

图 1-6　或门逻辑符号

### 1.2.3　"非"运算（NOT）

非逻辑的输出总是输入的取反，即决定某一事件发生的条件具备了，结果却不发生；因此条件不具备时，结果一定发生。在图 1-7 所示电路中，开关 A 闭合，灯却不亮；开关 A 断开时，灯才亮。因此，灯 F 与开关 A 之间的关系是非逻辑关系。逻辑代数中，非逻辑关系用非运算描述，其运算符号为" ˉ "，上述逻辑关系可表示为：若 $A$ 为 0，则 $F$ 为 1；反之，若 $A$ 为 1，则 $F$ 为 0。因此灯 F 与开关 A 的关系见表 1-7。

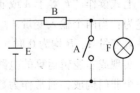

图 1-7　开关与灯并联电路

**表 1-7 非逻辑真值表**

| $A$ | $F$ | $A$ | $F$ |
|---|---|---|---|
| 0 | 1 | 1 | 0 |

非运算的运算法则为：$\overline{1} = 0 \qquad \overline{0} = 1$

数字系统中，实现非运算的电路称为非门，又叫"反相器"，非门的逻辑符号如图 1-8 所示。

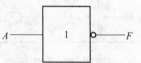

图 1-8 非门逻辑符号

### 1.2.4 其他逻辑运算

与逻辑、或逻辑、非逻辑是三种最基本的逻辑运算，与之对应的与门、或门、非门是三种最基本的逻辑门电路，它们是构成数字电路的基本单元。

除了以上与、或、非三种基本逻辑之外，经常使用的逻辑运算还有与非逻辑、或非逻辑、异或逻辑以及同或逻辑等，它们都是由三种基本逻辑按照一定的运算规则得来的，因此称为复合逻辑，与之对应的电路称为复合逻辑门。

#### 1.2.4.1 与非逻辑（NAND）运算

与非逻辑的运算表达式如下：

$$F = \overline{A \cdot B}$$

上式读作"$F$ 等于 $A$ 与非 $B$"，与非逻辑是与逻辑和非逻辑的复合运算，其逻辑功能可以描述为：当两个输入变量 $A$、$B$ 只要有 0 时，输出变量 $F$ 即为 1；当两个输入变量 $A$、$B$ 均为 1 时，输出变量 $F$ 才为 0。

实现与非逻辑运算的电路称为与非门。与非门可以由一个与门和一个非门构成，通常作为数字电路的一个独立单元使用，其逻辑符号如图 1-9 所示，与非门真值表如表 1-8 所示。

图 1-9 与非门逻辑符号

**表 1-8 与非逻辑真值表**

| $A$ | $B$ | $F$ | $A$ | $B$ | $F$ |
|---|---|---|---|---|---|
| 0 | 0 | 1 | 1 | 0 | 1 |
| 0 | 1 | 1 | 1 | 1 | 0 |

#### 1.2.4.2 或非逻辑（NOR）运算

或非逻辑的运算表达式如下：

$$F = \overline{A + B}$$

上式读作"$F$ 等于 $A$ 或非 $B$"，或非逻辑是或逻辑和非逻辑的复合运算，其逻辑功能可以描述为：当两个输入变量 $A$、$B$ 中有 1 时，输出变量 $F$ 即为 0；当两个输入变量 $A$、$B$ 均为 0 时，输出变量 $F$ 才为 1。

实现或非逻辑运算的电路称为或非门，或非门可以由一个或门和一个非门构成，通常作为数字电路的一个独立单元使用，其逻辑符号如图 1-10 所示，与非门真值表如表 1-9 所示。

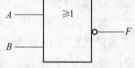

图 1-10 或非门逻辑符号

**表 1-9　或非逻辑真值表**

| $A$ | $B$ | $F$ | $A$ | $B$ | $F$ |
|---|---|---|---|---|---|
| 0 | 0 | 1 | 1 | 0 | 0 |
| 0 | 1 | 0 | 1 | 1 | 0 |

### 1.2.4.3　异或逻辑（XOR）运算

异或逻辑的运算表达式如下：

$$F = \overline{A}B + A\overline{B} \quad 或 \quad F = A \oplus B$$

符号"$\oplus$"读作异或，上式读作"$F$ 等于 $A$ 异或 $B$"。异或运算是与、或、非运算的组合，异或运算的逻辑含义是：当两个输入变量 $A$、$B$ 相同时，输出变量 $F$ 为 0；当两个输入变量 $A$、$B$ 不同时，输出变量 $F$ 为 1。

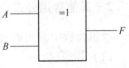

实现异或运算的电路称为异或门，它可以由非门、与门和或门组合而成，其逻辑符号如图 1-11 所示，异或门真值表如表 1-10 所示。

图 1-11　异或门逻辑符号

**表 1-10　异或逻辑真值表**

| $A$ | $B$ | $F$ | $A$ | $B$ | $F$ |
|---|---|---|---|---|---|
| 0 | 0 | 0 | 1 | 0 | 1 |
| 0 | 1 | 1 | 1 | 1 | 0 |

### 1.2.4.4　同或逻辑（XNOR）运算

同或逻辑的运算表达式如下：

$$F = \overline{A}\,\overline{B} + AB \quad 或 \quad F = A \odot B$$

符号"$\odot$"读作同或，上式读作"$F$ 等于 $A$ 同或 $B$"。同或运算也是与、或、非运算的组合，同或运算的逻辑含义是：当两个输入变量 $A$、$B$ 相同时，输出变量 $F$ 为 1；当两个输入变量 $A$、$B$ 不同时，输出变量 $F$ 为 0。

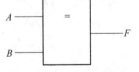

实现同或运算的电路称为同或门，它可以由非门、与门和或门组合而成，其逻辑符号如图 1-12 所示，同或门真值表如表 1-11 所示。

图 1-12　同或门逻辑符号

**表 1-11　同或逻辑真值表**

| $A$ | $B$ | $F$ | $A$ | $B$ | $F$ |
|---|---|---|---|---|---|
| 0 | 0 | 1 | 1 | 0 | 0 |
| 0 | 1 | 0 | 1 | 1 | 1 |

异或和同或互为非运算，即：

$$F = A \odot B = \overline{A \oplus B}$$

## 1.3　逻辑代数的常用公式及基本定理

逻辑代数又称"布尔代数"，是英国数学家乔治·布尔（George Boole，1825 ~ 1864）首先提出来的。逻辑代数是逻辑学和数学相结合的产物，是数字电路和计算机设计的重要数学工具。

## 1.3.1　基本公式

逻辑变量的取值只有 0 和 1，逻辑变量的运算也只有与、或、非 3 种。据此可得出逻辑运算的基本公式和定理。

(1) $\bar{1} = 0$　　　$\bar{0} = 1$

(2) $1 \cdot 1 = 1$　　　$0 + 0 = 0$　　　$1 \cdot 0 = 0 \cdot 1 = 0$　　　$1 + 0 = 0 + 1 = 1$　　　$0 \cdot 0 = 0$　　　$1 + 1 = 1$

(3) 逻辑代数的二值性：如果 $A \neq 0$，则 $A = 1$；如果 $A \neq 1$，则 $A = 0$。如果 $\bar{A} = 0$，则 $A = 1$；如果 $\bar{A} = 1$，则 $A = 0$。

## 1.3.2　其他常用公式

逻辑代数中常用的公式还有：

(1) 还原律：

$$AB + A\bar{B} = A$$

$$(A + B)(A + \bar{B}) = A$$

(2) 吸收律：

$$A + AB = A$$

$$A(A + B) = A$$

$$A(\bar{A} + B) = AB$$

$$A + \bar{A}B = A + B$$

(3) 冗余律：

$$AB + \bar{A}C + BC = AB + \bar{A}C$$

证明：

$$AB + \bar{A}C + BC = AB + \bar{A}C + (A + \bar{A})BC$$

$$= AB + \bar{A}C + ABC + \bar{A}BC$$

$$= AB(1 + C) + \bar{A}C(1 + B)$$

$$= AB + \bar{A}C$$

## 1.3.3　逻辑代数的基本定理

### 1.3.3.1　基本定律

逻辑代数的基本定律有：

(1) 交换律：$A \cdot B = B \cdot A$　　　　　$A + B = B + A$

(2) 结合律：$A(BC) = (AB)C$　　　　　$A + (B + C) = (A + B) + C$

(3) 分配律：$A(B + C) = AB + AC$　　　$A + BC = (A + B)(A + C)$

(4) 01 律：$1 \cdot A = A$　　　　　　　　　　$1 + A = 1$

　　　　　　$0 \cdot A = 0$

(5) 互补律：$A \cdot \bar{A} = 0$　　　　　　　　$A + \bar{A} = 1$

(6) 重叠律：$A \cdot A = A$　　　　　　　　　$A + A = A$

（7）反演律——德·摩根定律：$\overline{A \cdot B} = \overline{A} + \overline{B}$　　$\overline{A + B} = \overline{A} \cdot \overline{B}$

反演律的证明见表 1-12。

表 1-12　反演律的证明

| $A$ | $B$ | $\overline{A}$ | $\overline{B}$ | $\overline{A+B}$ | $\overline{A} \cdot \overline{B}$ |
|---|---|---|---|---|---|
| 0 | 0 | 1 | 1 | 1 | 1 |
| 0 | 1 | 1 | 0 | 0 | 0 |
| 1 | 0 | 0 | 1 | 0 | 0 |
| 1 | 1 | 0 | 0 | 0 | 0 |

由表 1-12 可以看出：等号两边函数的真值表完全相同，所以 $\overline{A + B} = \overline{A} \cdot \overline{B}$。

除了利用真值表证明两个逻辑表达式相等外，还可以利用已知的公式来证明两个逻辑表达式是否相等。例如，可以利用反演律、分配律和互补律来证明等式 $\overline{AB} + \overline{A}B = \overline{A}\overline{B} + AB$ 是否成立。证明过程请读者作为练习。

### 1.3.3.2　基本规则

#### A　代入规则

任何一个含有某变量的等式，如果等式中所有出现此变量的位置均代之以一个逻辑函数式，则此等式依然成立。这个规则称为代入规则。

例如，$\overline{A + B} = \overline{A} \cdot \overline{B}$ 中将所有出现 $A$ 的地方都用 $A + D$ 替换，等式仍然成立，即 $\overline{A + D + B} = \overline{A + D} \cdot \overline{B}$。

代入规则可以扩展到所有的基本定律。

#### B　反演规则

对于任意一个逻辑函数式 $F$，做如下处理：

（1）若把式中的运算符"·"换成"+"、"+"换成"·"；

（2）常量"0"换成"1"、"1"换成"0"；

（3）原变量换成反变量，反变量换成原变量。

那么得到的新函数式称为原函数式 $F$ 的反函数式，用 $\overline{F}$ 表示。这个规则称为反演规则。利用反演规则很容易求出一个函数的反函数，但需要注意，在求反函数时要保持原函数的运算次序"先与后或"，必要时适当地加入括号，不属于单个变量上的非号要保留。

例如：$F = AB + \overline{(A + C)B} + \overline{A} \cdot \overline{B} \cdot \overline{C}$ 的反函数为 $\overline{F} = (\overline{A} + B) \cdot \overline{(A + C) \cdot B} \cdot (A + B + C)$。

#### C　对偶规则

对于任意一个逻辑函数，做如下处理：

（1）若把式中的运算符"·"换成"+"、"+"换成"·"；

（2）常量"0"换成"1"、"1"换成"0"；

（3）变量保持不变。

得到的新函数式为原函数式 $F$ 的对偶式 $F'$，也称对偶函数。所谓对偶规则指的是，如果两个函数式相等，则它们对应的对偶式也相等，即若 $F1 = F2$，则 $F1' = F2'$，这将使公式的数目增加一倍。

需要注意的是，求对偶式时运算顺序不能变，且它只变换运算符和常量，其变量是不变的。例如：$F = AB + \overline{AC} + 1 \cdot B$，$F' = (A + B) \cdot (\overline{A + C}) \cdot (0 + B)$。

# 1.4　逻辑函数及其表示方法

## 1.4.1　逻辑函数

逻辑代数的三种基本运算在实际的逻辑电路中很少单独出现，经常遇到的是这几种运算的组合。例如 $F = AB + \overline{AB}$，在该式中，当逻辑变量 $A$、$B$ 的取值确定后，逻辑变量 $F$ 的值就完全确定了，$F$ 是 $A$、$B$ 的函数。$A$、$B$ 叫做输入逻辑变量，$F$ 叫做输出逻辑变量。

一般来说，若输入逻辑变量 $A$、$B$、$C$、…的取值确定后，输出逻辑变量 $F$ 的值也唯一确定，我们就称 $F$ 是 $A$、$B$、$C$、…的逻辑函数，写成：$F = f(A, B, C, \cdots)$。

在逻辑代数中，不管是变量还是函数，它们都只有两个取值，用 0 和 1 表示。因为决定事件是否发生的条件——相当于变量，尽管可能很多，但是对于任何一个条件来说，都只有具备和不具备两种可能；而事件——相当于函数也只有发生和不发生两种情况，0 和 1 就是表示这两种可能的符号，没有数量的意义。函数和变量之间的关系是由与、或、非三种基本运算决定的。

## 1.4.2　逻辑函数的表示方法

任何一个逻辑函数均可以用逻辑函数表达式、真值表、卡诺图和逻辑图表示。

### 1.4.2.1　逻辑表达式

逻辑表达式是由逻辑变量和与、或、非三种运算符号所构成的表达式。例如：$F = AB + \overline{AB}$。

逻辑表达式书写要注意的问题有：

（1）进行非运算可以不加括号，如：$\overline{A}$，$\overline{A + B}$ 等。

（2）与运算符一般可以省略，如：$A \cdot B$ 可以写成 $AB$。

（3）在一个表达式中，如果既有与运算又有或运算，则按先与后或的规则省去括号。如：$(A \cdot B) + (C \cdot D)$ 可以写成 $AB + CD$，但 $(A + B) \cdot (C + D)$ 不能省括号而写成 $A + B \cdot C + D$。

（4）由于与运算和或运算均满足结合律，因此 $(A + B) + C$ 或者 $A + (B + C)$ 均可用 $A + B + C$ 代替，$(AB) \cdot C$ 或 $A(BC)$ 均可用 $ABC$ 代替。

### 1.4.2.2　真值表

真值表是将输入逻辑变量的各种可能取值和相应的函数值排列在一起而组成的表格。由于一个逻辑变量只有 0 和 1 两种可能的取值，故 $n$ 个逻辑变量一共有 $2n$ 种可能的取值组合。真值表由两部分组成，左边一栏列出变量的所有取值组合，为避免遗漏，通常各变量取值组合按二进制数据顺序给出：右边一栏为逻辑函数值，例如：$F = A\overline{B} + \overline{A}C$ 的真值表如表 1-13 所示。

**表 1-13　函数 $F = A\overline{B} + \overline{A}C$ 的真值表**

| $A$ | $B$ | $C$ | $F$ | $A$ | $B$ | $C$ | $F$ |
|-----|-----|-----|-----|-----|-----|-----|-----|
| 0 | 0 | 0 | 0 | 1 | 0 | 0 | 1 |
| 0 | 0 | 1 | 1 | 1 | 0 | 1 | 1 |
| 0 | 1 | 0 | 0 | 1 | 1 | 0 | 0 |
| 0 | 1 | 1 | 1 | 1 | 1 | 1 | 0 |

真值表的特点有:

(1) 直观明了。输入变量取值一旦确定后,即可在真值表中查出相应的函数值。所以在许多数字集成电路手册中,常常都以真值表的形式给出该器件的逻辑功能。

(2) 把一个实际逻辑问题抽象成数学问题时,使用真值表是最方便的,所以,在数字逻辑电路的设计中,先是分析要求,然后列出真值表。

(3) 主要缺点:当变量比较多时显得过于繁琐,而且也无法利用逻辑代数中的公式和定理进行计算。

#### 1.4.2.3 逻辑函数与逻辑图

(1) 由逻辑函数可以画出逻辑图。一个逻辑函数是由逻辑与、逻辑或、逻辑非三种基本运算组合而成的,因此我们可以分别用与门、或门、非门来实现这三种运算。

(2) 由逻辑电路可以写出逻辑函数表达式。因为逻辑电路图是用逻辑符号表示每一个逻辑单元,再由逻辑单元组合成部件而得到的图,所以可以由输入至输出逐渐写出逻辑函数表达式。

#### 1.4.2.4 卡诺图

卡诺图是由表示逻辑变量的所有可能组合的小方格所构成的平面图,它是一种用图形描述逻辑函数的方法。一般画成正方形或矩形。这种方法在逻辑函数的化简中十分有用。我们将在化简时详细介绍。

上述 4 种表示函数的方法各有特点,它们使用于不同的场合,可以很方便地相互转化。

# 1.5 逻辑函数的化简

逻辑函数的化简是数字电路设计中的一个重要步骤。化简的目的就是要寻求一种最佳等效函数式,以便用集成电路去实现此函数时能获得速度快、可靠性高、集成电路块数最少、输入端数最少的电路。

## 1.5.1 逻辑函数的公式法化简

运用逻辑代数的基本公式和法则对函数式进行代数变换,消去多余项或多余字母,以期获得最简函数式的方法就是代数化简法。

#### 1.5.1.1 并项法

利用 $A + \overline{A} = 1$ 的公式,将两项合并成一项,并消去一个变量。例如: $L = ABC + AB\overline{C} = AB(C + \overline{C}) = AB$。

#### 1.5.1.2 吸收法

利用 $A + AB = A$ 消去多余的项 $AB$。例如: $L = \overline{AB} + \overline{AB}\,\overline{CD}(E + F) = \overline{AB}$。

#### 1.5.1.3 消去法

利用 $L = A + \overline{A}B = A + B$ 消去多余的因子。例如: $L = \overline{A} + AB + \overline{B}E = \overline{A} + B + \overline{B}E = \overline{A} + B + E$。

#### 1.5.1.4 配项法

先利用 $A + \overline{A} = 1$ 增加必要的乘积项,再用并项或吸收的办法使项数减少。例如: $L = AB + \overline{A}\,\overline{C} + B\overline{C} = AB + \overline{A}\,\overline{C} + (A + \overline{A})B\overline{C} = AB + \overline{A}\,\overline{C} + AB\overline{C} + \overline{A}B\overline{C} = (AB + AB\overline{C}) + (\overline{A}\,\overline{C} + \overline{A}CB) = AB + AC$。

**[例 1-6]** 利用代数法化简 $Y = (\overline{B} + D)(\overline{B} + D + A + G)(C + E)(\overline{C} + G)(A + E + G)$。

**解:** 先求出 $Y$ 的对偶函数 $Y'$,并对其进行化简。

$$Y' = \overline{B}D + \overline{B}DAG + CE + \overline{C}G + AEG$$
$$= \overline{B}D + CE + \overline{C}G$$

求 $Y'$ 的对偶函数，便得 $Y$ 的最简或与表达式。

$$Y = (\overline{B} + D)(C + E)(\overline{C} + G)$$

[**例 1-7**]  利用代数法化简 $L = \overline{AB + C} + \overline{\overline{AB}} + AB$。

**解：**（1）分析整个函数式，首先应去掉 $AB + \overline{AB} + \overline{C}$ 的非号，利用 $\overline{A + B + C} = \overline{A} \cdot \overline{B} \cdot \overline{C}$，上式可化为 $L = \overline{AB} \cdot \overline{\overline{AB}} \cdot \overline{C} + AB$。

（2）利用公式 $A + \overline{A}B = A + B$ 消去 $\overline{AB}$，上式又可简化为 $L = \overline{\overline{AB}} \cdot \overline{C} + AB$。

（3）再次利用摩根定理 $\overline{AB} = \overline{A} \cdot \overline{B}$，去掉 $\overline{A} \; \overline{B}$ 的公用非号。上式简化为 $L = (\overline{\overline{A}} + \overline{\overline{B}}) \cdot \overline{C} + AB = (A + B) \cdot \overline{C} + AB = A\overline{C} + B\overline{C} + AB$。

从上述两例可以看出：当函数式较繁，用公式化简法一开始不可能知道它的最简式，只有在化简过程中不断尝试方能逐渐清楚。

### 1.5.2  逻辑函数的卡诺图法化简

在应用代数法对逻辑函数进行化简时，不仅要求对公式能熟练应用，而且对最后结果是否是最简要进行判断，遇到较复杂的逻辑函数时，此方法有一定难度。除了使用布尔代数化简法化简逻辑函数外，还可以利用图形法来化简逻辑函数。图形化简法是 1952 年由维奇（W. Veich）首先提出来的；1953 年，卡诺（Karnaugh）进行了更系统的、更全面的阐述，故称为卡诺图法。它比代数法形象直观，易于掌握，只要熟悉一些简单的规则，便可以十分迅速地将函数化简为最简式。卡诺图法是逻辑设计中一种十分有效的工具，应用十分广泛。

#### 1.5.2.1  最小项及最小项表达式

在 $n$ 变量的逻辑函数中，若其与或表达式的每个乘积项包含了 $n$ 个因子，且 $n$ 个因子均以原变量或反变量的形式在乘积项中出现一次，则称这样的乘积项为逻辑函数的最小项。如果函数式与或表达式中的乘积项均为最小项，则此函数式称为逻辑函数的最小项表达式。例如，$A$、$B$、$C$ 三变量有 $\overline{A}\overline{B}\overline{C}$、$\overline{A}\overline{B}C$、$\overline{A}B\overline{C}$、$\overline{A}BC$、$A\overline{B}\overline{C}$、$A\overline{B}C$、$AB\overline{C}$、$ABC$ 等 8 个最小项。故 $n$ 变量共有 $2n$ 个最小项，而 $A\;\overline{B}$、$CABC$、$A(\overline{B} + \overline{C})$ 不是最小项。可以证明，任何逻辑函数均有其最小项表达式，例如：$Y = AB + BC = AB\overline{C} + ABC + \overline{A}BC$。

#### 1.5.2.2  最小项的编号

在逻辑函数的最小项表达式中，为了方便起见，常以 $m_i$ 的形式表示最小项，$m$ 代表最小项，$i$ 表示最小项的编号。$i$ 是 $n$ 变量取值组合排成二进制所对应的十进制数，若变量以原变量形式出现视为 1，以反变量形式出现则视为 0。例如，$\overline{A}\overline{B}\overline{C}$ 为 $m_0$，$\overline{A}\overline{B}C$ 记为 $m_1$，$\overline{A}B\overline{C}$ 记为 $m_2$ 等。如 $Y = AB + BC = AB\overline{C} + ABC + \overline{A}BC = m_6 + m_7 + m_3 = \sum m(3,6,7)$。

#### 1.5.2.3  最小项的性质

最小项的性质有：

（1）卡诺图中两个逻辑相邻的 1 方格的最小项可以合并成一个与项，消去一个变量。值得注意的是：逻辑相邻不仅仅是几何位置上的相邻，最左边的列与最右边的列、最上面的行和最下面的行都是逻辑相邻的。

（2）卡诺图中 4 个逻辑相邻的 1 方格的最小项可以合并成一个与项，并消去两个变量。

（3）卡诺图中 8 个逻辑相邻的 1 方格可以合并成一个与项，并消去 3 个变量。

#### 1.5.2.4 卡诺图化简步骤

用卡诺图化简逻辑函数的步骤：

（1）画出函数的卡诺图；

（2）仔细观察卡诺图，找出 $2^n$（$n$ 为正整数）个逻辑相邻的 1 值格，并给它们画上圈，画圈的原则要使圈尽可能大；

（3）按照卡诺图化简性质，写出最简与或表达式。

#### 1.5.2.5 表示最小项的卡诺图

卡诺图将几何正方形或长方形分为 $2^n$ 个小方格，把 $n$ 变量逻辑函数的全部最小项填入到小方块中，每个最小项占一格，并使具有逻辑相邻性的最小项在几何位置上也相邻地排列，所得到的图形称为 $n$ 变量最小项的卡诺图。二、三、四变量的卡诺图如图 1-13 所示。

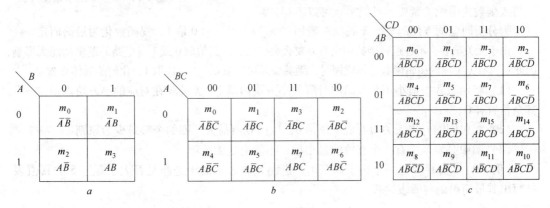

图 1-13 二、三、四变量最小项卡诺图

a—二变量；b—三变量；c—四变量

注意，卡诺图左侧和上侧所标的 0 和 1 表示对应小方块中最小项为 1 的变量取值。另外，为了确保卡诺图中小方块所表示的最小项在几何上相邻时逻辑上也有相邻性，两侧标注的数码不能按从小到大的规则排列，而要按照循环码标注。除几何相邻的最小项有逻辑相邻的性质外，图中每一行或每一列两端的最小项也具有逻辑相邻性，故卡诺图可看成一个上下、左右闭合的图形。

当输入变量的个数在 5 个或以上时，不能仅用二维空间的几何相邻来代表其逻辑相邻性，此时卡诺图比较复杂，一般不常用。

#### 1.5.2.6 具体例子

**[例 1-8]** 用卡诺图化简逻辑函数 $Y = ABC + ABD + \overline{C}\overline{D} + A\overline{B}C + \overline{A}C\overline{D} + AC\overline{D}$。

**解：** 先将函数 $Y$ 化为最小项表达式的形式。

$$Y = ABC + ABD + \overline{C}\overline{D} + A\overline{B}C + \overline{A}C\overline{D} + AC\overline{D}$$

$$= ABC(\overline{D} + D) + ABD(\overline{C} + C) + \overline{C}\overline{D}(\overline{A} + A)(\overline{B} + B) +$$
$$A\overline{B}C(\overline{D} + D) + \overline{A}C\overline{D}(\overline{B} + B) + AC\overline{D}(\overline{B} + B)$$

$$= ABC\overline{D} + ABCD + AB\overline{C}D + \overline{A}\overline{B}\overline{C}\overline{D} + A\overline{B}\overline{C}\overline{D} + \overline{A}B\overline{C}\overline{D} +$$
$$AB\overline{C}\overline{D} + A\overline{B}C\overline{D} + A\overline{B}CD + \overline{A}\overline{B}C\overline{D} + \overline{A}BC\overline{D} + A\overline{B}C\overline{D}$$

$$= m_{14} + m_{15} + m_{13} + m_0 + m_8 + m_4 + m_{12} + m_{10} +$$
$$m_{11} + m_2 + m_6 + m_9$$

再用卡诺图表示逻辑函数 $Y$，并根据化简方法进行化简。

根据图 1-14，可得：$Y = A + \overline{D}$。

### 1.5.3　具有无关项的逻辑函数及其化简

在实际工作中经常会遇到这样的逻辑函数，某些输入变量取值下的函数值是 0 还是 1，对电路的逻辑功能无影响。例如，用二进制代码表示十进制数时，ABCD = 0000～1001 对应 0～9，而 ABCD = 1010～1111 没有被采用，当 ABCD 的取值为 1010～1111 时，人们对函数值是 0 还是 1 不关心，称这种对电路功能无影响的最小项为任意项，而将约束项与任意项统称为无关项。这里所说的无关是指是否把这些最小项写入函数式中无关紧要，可以写也可以不写。

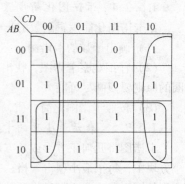

图 1-14　例 1-8 的卡诺图

为分析问题的方便起见，无关项一般用"×"表示，取 0 取 1，视函数化为最简而定。

由于无关项要么不在逻辑函数中出现，要么会出现，但其值取 0 或 1 对电路的逻辑功能无影响，因此对具有无关项的逻辑函数进行化简时，无关项既可以取 0，也可以取 1，化简的具体步骤是：

（1）将函数式中最小项在卡诺图对应的小方块内填 1，无关项在对应的小方块内填"×"，其余位置补 0。

（2）画包围圈时将无关项看成 1 还是 0，以得到圈最大、圈的个数最少为原则。

（3）圈中必须至少有一个有效的最小项，不能全是无关项。

[**例 1-9**]　表 1-14 是一个用于判断用二进制代码表示的十进制是否大于等于 5 的真值表，试写出其最简单的与或表达式。

**表 1-14　例 1-9 真值表**

| A | B | C | D | Y | A | B | C | D | Y |
|---|---|---|---|---|---|---|---|---|---|
| 0 | 0 | 0 | 0 | 0 | 1 | 0 | 0 | 0 | 1 |
| 0 | 0 | 0 | 1 | 0 | 1 | 0 | 0 | 1 | 1 |
| 0 | 0 | 1 | 0 | 0 | 1 | 0 | 1 | 0 | × |
| 0 | 0 | 1 | 1 | 0 | 1 | 0 | 1 | 1 | × |
| 0 | 1 | 0 | 0 | 0 | 1 | 1 | 0 | 0 | × |
| 0 | 1 | 0 | 1 | 1 | 1 | 1 | 0 | 1 | × |
| 0 | 1 | 1 | 0 | 1 | 1 | 1 | 1 | 0 | × |
| 0 | 1 | 1 | 1 | 1 | 1 | 1 | 1 | 1 | × |

**解：** 根据真值表，可画出的四变量卡诺图如图 1-15 所示，经化简后可得：

$$Y = A + BD + BC$$

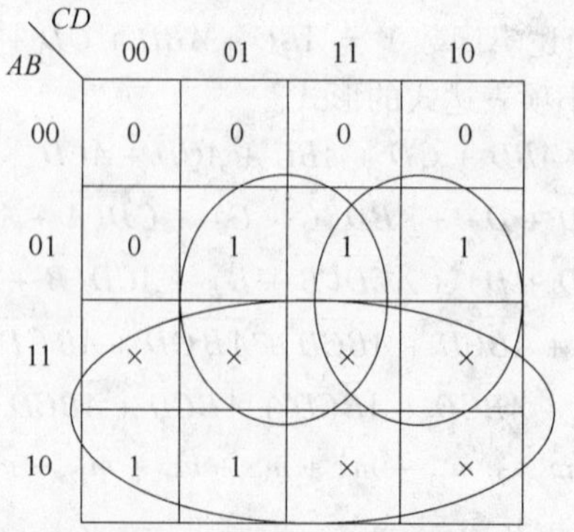

图 1-15　例 1-9 卡诺图

# 1.6　本章小结

　　本节的主要内容是逻辑代数基础。数字电路是研究数字信号的，其研究的工具是逻辑代数。

　　数字信号在时间上和数值上均是离散的，常用二进制数来表示数据。为适应不同的应用有不同的码制，常用的 BCD 码有 8421 码、2421 码、5421 码、余 3 码等，其中 8421 码使用最广泛。同时为使用的方便及习惯，往往还使用十进制、八进制和十六进制等。

　　逻辑代数是研究逻辑关系、逻辑运算的，3 种基本逻辑运算是与、或、非运算。

　　常用的逻辑函数表示方法有真值表、逻辑函数表达式、逻辑图和卡诺图等，他们之间可以任意地互相转换。根据具体的使用情况，可以选择合适的表示方法。

　　逻辑函数的化简是本章的重点，常用的化简方法有公式法和卡诺图法两种。公式法的优点是其不受条件限制，但由于其没有固定步骤可循，因此在化简一些复杂的逻辑函数时，不但需要熟练掌握公式、定理，往往还需要一定的经验和技巧。卡诺图法化简逻辑函数的优点是简单、直观，有一定的步骤可循，因此，这种方法容易掌握，且不易出错，但当逻辑变量超过 5 个时，将失去意义。具有无关项的逻辑函数是本章的难点，在具体的化简过程中要根据需要利用无关项。

## 习　题

1-1　将十进制数 75 转换成二进制和十六进制数。

1-2　将下列各数转换成十进制数：$(101)_2$，$(101)_{16}$。

1-3　将二进制数 110111、1001101 分别转换成十进制数和十六进制数。

1-4　将十进制数 92 转换成二进制码及 8421 码。

1-5　数码 100100101001 作为二进制码或 8421 码时，其相应的十进制数各为多少？

1-6　利用真值表证明下列等式。

　　$(1)\ A\bar{B} + \bar{A}B = (\bar{A} + \bar{B})(A + B)$

　　$(2)\ A + \overline{\bar{A}(B + C)} = A + \bar{B} + \bar{C}$

　　$(3)\ ABC + AB\bar{C} + A\bar{B}C + A\bar{B}\bar{C} + \bar{A}BC + \bar{A}B\bar{C} + \bar{A}\bar{B}C + \bar{A}\bar{B}\bar{C} = 1$

　　$(4)\ A\bar{B} + B\bar{C} + C\bar{A} = \bar{A}B + \bar{B}C + \bar{C}A$

1-7　在下列各个逻辑函数表达式中，变量 $A$、$B$、$C$ 为哪些取值时函数值为 1？

　　$(1)\ F = AB + BC + AC$

　　$(2)\ F = (A + B)\,\overline{AB + B\bar{C}}$

　　$(3)\ F = ABC + A\bar{B}\bar{C} + \bar{A}BC + \bar{A}B\bar{C}$

　　$(4)\ F = \overline{AB} + \overline{B\bar{C}} + \overline{A\bar{C}}$

1-8　利用公式和定理证明下列等式。

　　$(1)\ ABC + A\bar{B}C + AB\bar{C} = AB + AC$

　　$(2)\ A + A\bar{B}\bar{C} + \bar{A}CD + (\bar{C} + \bar{D})E = A + CD + E$

　　$(3)\ AB(C + D) + D + \bar{D}(A + B)(\bar{B} + \bar{C}) = A + B\bar{C} + D$

　　$(4)\ ABCD + \bar{A}\bar{B}\bar{C}\bar{D} = \overline{\overline{A\bar{B}} + \overline{B\bar{C}} + \overline{C\bar{D}} + \overline{D\bar{A}}}$

1-9　某 4 个逻辑函数的真值表如表 1-15 所示，试分别将表中各逻辑函数用其他 4 种方法表示出来，并将各函数化简后用与非门画出逻辑图。

表 1-15   习题 1-9 的真值表

| A | B | C | $F_1$ | $F_2$ | $F_3$ | $F_4$ |
|---|---|---|---|---|---|---|
| 0 | 0 | 0 | 0 | 0 | 0 | 0 |
| 0 | 0 | 1 | 0 | 1 | 0 | 1 |
| 0 | 1 | 0 | 1 | 1 | 0 | 1 |
| 0 | 1 | 1 | 0 | 0 | 1 | 1 |
| 1 | 0 | 0 | 1 | 1 | 0 | 0 |
| 1 | 0 | 1 | 0 | 0 | 1 | 0 |
| 1 | 1 | 0 | 1 | 0 | 1 | 1 |
| 1 | 1 | 1 | 0 | 1 | 1 | 1 |

1-10   用公式法将下列各逻辑函数化简成为最简与或表达式。

(1) $F = \overline{A}\overline{B}C + \overline{A}BC + AB\overline{C} + ABC$

(2) $F = \overline{A} + \overline{B} + \overline{C} + ABC$

(3) $F = ACD + AB\overline{D} + BC + \overline{A}CD + ABD$

(4) $F = A\overline{B}C + A\overline{B} + A\overline{D} + \overline{A}\overline{D}$

(5) $F = A(\overline{A} + B) + B(B + C) + B$

(6) $F = \overline{\overline{\overline{ABC + \overline{A}\ \overline{B}} + BC}}$

(7) $F = \overline{\overline{\overline{A\overline{B}} + ABC + A(B + A\overline{B})}}$

(8) $F = (AB + A\overline{B} + \overline{A}B)(A + B + D + \overline{A}\overline{B}D)$

1-11   用卡诺图法将下列各逻辑函数化简成为最简与或表达式。

(1) $F = AB\overline{C}D + \overline{A}\overline{B}CD + A\overline{B} + A\overline{D} + \overline{A}\overline{B}C$

(2) $F = A\overline{B} + B\ \overline{C}D + ABD + \overline{A}\overline{B}CD$

(3) $F = A\overline{B}CD + \overline{B}\ \overline{C}D + AB\overline{D} + BC\overline{D} + \overline{A}B\overline{C}$

(4) $F = \overline{A}\overline{B}\ \overline{C}D + \overline{A}BCD + A\overline{B}\ \overline{C}D + AB\overline{C}\overline{D}$

(5) $F = AB\overline{C} + AC + \overline{A}B\overline{C} + \overline{B}C$

(6) $F = \overline{(\overline{A}B + B\overline{D})}\ \overline{C} + BD\ \overline{\overline{A}\ \overline{C}} + \overline{D}(\overline{A} + B)$

(7) $F = \overline{ABC} + BD(\overline{A} + C) + (B + D)AC$

(8) $F = \overline{A}\ \overline{B}\ \overline{C} + \overline{A}\ \overline{B}C + \overline{A}B\overline{C} + A\overline{B}C$

1-12   将 1-10 题中各化简以后的逻辑函数转换为与非表达式，并画出相应的逻辑图。

1-13   将 1-11 题中各化简以后的逻辑函数转换为与非表达式，并画出相应的逻辑图。

# 2 门 电 路

用于实现基本逻辑关系的电子电路统称为逻辑门电路。常用的逻辑门电路就逻辑功能而言可分为与门、或门、与非门、或非门、与或非门、异或门等。本章将简单介绍常用基本逻辑门内部电路，特别是其外部特性，力求使读者能正确而有效地了解和掌握集成逻辑门电路的基本原理。

## 2.1 分立元件门电路

### 2.1.1 二极管与门电路

3 个二极管组成的与门电路如图 2-1a 所示，$A$、$B$、$C$ 是三个输入端，$P$ 为输出端，图 2-1b 为其逻辑符号。3 个二极管与门电路的真值表如表 2-1 所示。由表 2-1 看出，只有当 $A$、$B$、$C$ 三个输入端全部是高电平时，输出才为高电平，否则即为低电平。与逻辑可用逻辑式 $P = ABC$ 表示，它的运算规则为"有 0 出 0"、"全 1 出 1"，符合与门真值表的规定。

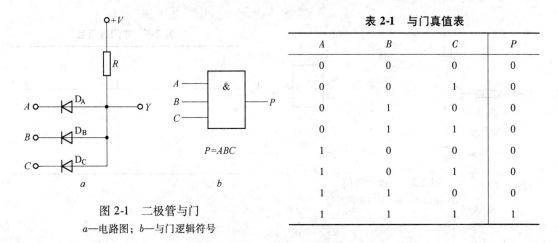

| 表 2-1 | 与门真值表 | | |
|:---:|:---:|:---:|:---:|
| $A$ | $B$ | $C$ | $P$ |
| 0 | 0 | 0 | 0 |
| 0 | 0 | 1 | 0 |
| 0 | 1 | 0 | 0 |
| 0 | 1 | 1 | 0 |
| 1 | 0 | 0 | 0 |
| 1 | 0 | 1 | 0 |
| 1 | 1 | 0 | 0 |
| 1 | 1 | 1 | 1 |

图 2-1 二极管与门
a—电路图；b—与门逻辑符号

与门的任意一个输入端都可作为使能（enable）端使用。使能端有时也称允许输入端或禁止端。例如，以 $C$ 为使能端，$A$、$B$ 为信号端，则当 $C = 0$ 时，$P = 0$，即与门被封锁，信号 $A$ 和 $B$ 无法通过与门。只有当 $C = 1$（封锁条件去除）时，有 $P = A \cdot B$，与门的输出才反映输入信号 $A$ 与 $B$ 的逻辑关系。

### 2.1.2 二极管或门电路

图 2-2a 所示为 3 个二极管或门电路，可以看出 $A$、$B$、$C$ 三个输入端中只要有一个是高电平，则该路二极管导通，输出 $P$ 被钳制在高电平；只有当 $A$、$B$、$C$ 都是低电平，输出 $P$ 才是低电平，或门真值表见表 2-2。或逻辑可用逻辑式 $P = A + B + C$ 表示，它的运算规则为"有 1 出 1"、"全 0 出 0"，即符合或门真值表的规定。或门的逻辑符号见图 2-2b。

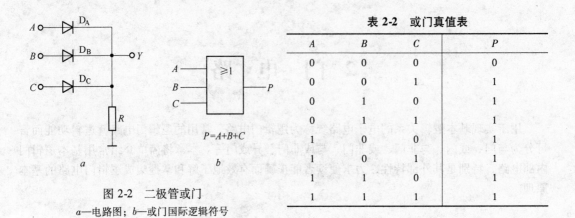

图 2-2　二极管或门

a—电路图；b—或门国际逻辑符号

表 2-2　或门真值表

| A | B | C | P |
|---|---|---|---|
| 0 | 0 | 0 | 0 |
| 0 | 0 | 1 | 1 |
| 0 | 1 | 0 | 1 |
| 0 | 1 | 1 | 1 |
| 1 | 0 | 0 | 1 |
| 1 | 0 | 1 | 1 |
| 1 | 1 | 0 | 1 |
| 1 | 1 | 1 | 1 |

### 2.1.3　三极管非门电路

图 2-3$a$ 是一个三极管非门电路，也叫三极管反相器。三极管的输出端 $V_o$ 的状态总是与输入端的状态相反，是反相关系。$V_i$ 为高电平时，三极管饱和导通，输出端 $V_o$ 输出低电平；当输入为低电平时，三极管截止，集电极输出电压则为 $V_o \approx V_{DD}$，输出高电平。非门的逻辑符号如图 2-3$b$ 所示，它们的逻辑关系可用逻辑式 $P = \overline{A}$ 表示，非门的真值表见表 2-3。

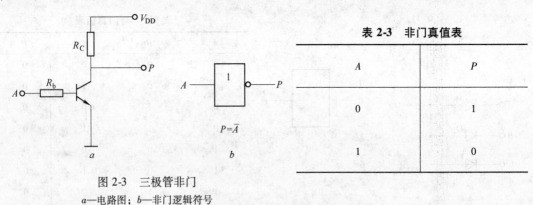

图 2-3　三极管非门

a—电路图；b—非门逻辑符号

表 2-3　非门真值表

| A | P |
|---|---|
| 0 | 1 |
| 1 | 0 |

## 2.2　集成 TTL门电路

TTL 电路是晶体管—晶体管逻辑电路的简称。TTL 集成电路由于生产工艺成熟、产品参数稳定、工作性能可靠、开关速度快而得到广泛的应用，但这种电路的功耗大、线路较复杂，使其集成度受到一定的限制，因此常应用于中小规模逻辑电路中。

### 2.2.1　TTL 与非门电路

TTL 门电路中最典型的基本电路是 TTL 与非门，图 2-4$a$ 是典型的 TTL 与非门的电路原理图，其逻辑符号如图 2-4$b$ 所示。

#### 2.2.1.1　TTL 与非门的电路结构

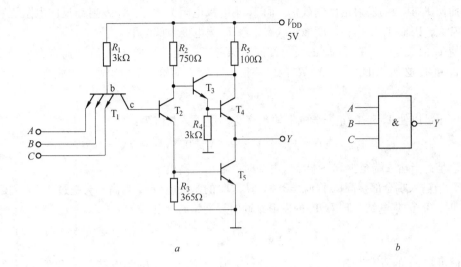

图 2-4　TTL 与非门

a—电路图；b—逻辑图

双极性 TTL 与非门电路由输入级、中间级和输出级三部分组成。

A　输入级

由多发射极晶体管 $T_1$ 和电阻 $R_1$ 构成输入级。其功能是对输入变量 $A$、$B$、$C$ 实现与运算。$T_1$ 是一多发射极三极管，它等效于有多个独立的发射结而基极和集电极分别并联在一起的三极管，其结构如图 2-4a 所示，等效电路如图 2-5 所示。多发射极晶体管 $T_1$ 的采用是提高与非门工作速度的关键措施。

B　中间级

由晶体管 $T_2$ 和电阻 $R_2$、$R_3$ 构成中间级，该级起倒相放大作用。由 $T_2$ 的集电极和发射极分别送出两路相位相反的驱动信号。当 $T_2$ 截止时，其集电极输出相对高电平，发射极输出相对低电平；当 $T_2$ 导通时，集、射输出相对电平正好与前相反。用来控制输出级晶体管 $T_4$、$T_5$ 的工作状态。

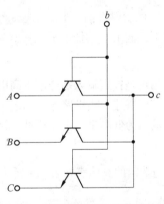

图 2-5　多发射极三极管等效电路

C　输出级

由晶体管 $T_3$、$T_4$、$T_5$ 和电阻 $R_4$、$R_5$ 构成输出级。其中 $T_5$ 为输出管，构成反相器（对输入级的输出变量而言），$T_3$、$T_4$ 组成复合管作为 $T_5$ 的有源负载。在正常工作时，$T_4$ 和 $T_5$ 总是一个截止而另一个饱和，它们共同组成推挽式输出级。这种输出电路无论输出为高电平还是低电平，输出电阻都很低，故 TTL 与非门带负载的能力很强，而且可以有效提高工作速度。

2.2.1.2　TTL 与非门的工作原理

讨论工作原理时不要忘记：三极管是由两个背靠背二极管所构成的。

（1）当输入端至少有一个为低电平 $v_{IL} = 0.3V$ 时，$T_1$ 中对应于接低电平的发射极正偏导通，$T_1$ 的基极电位被钳位在：

$$v_{B1} = V_{BE1} + v_{IL} = 0.7V + 0.3V = 1V$$

因而使 $T_1$ 其余的发射结反偏截止。而 $T_1$ 集电极电阻为 $R_3$ 与 $T_2$ 发射结反向电阻之和，其阻值非常大，因而 $T_1$ 工作在深度饱和状态，且 $T_1$ 集电极为低电平。

为使 $T_1$ 的集电结、$T_2$ 和 $T_5$ 的发射结同时导通，$v_{B1}$ 至少应等于 2.1V，而现在 $v_{B1} < 2.1V$，所以，$T_2$ 和 $T_5$ 必然截止，$i_{C2} \approx 0$，$R_2$ 的电流很小，$R_2$ 上的电压降也很小，因此有：

$$v_{C2} = V_{DD} - V_{R2} \approx 5V$$

该电压足以使 $T_3$ 和 $T_4$ 正向导通。输出 $Y$ 为高电平，其值为：

$$v_O = V_{OH} \approx v_{C2} - V_{BE3} - V_{BE4} = 5V - 0.7V - 0.7V = 3.6V$$

结论是：当输入端至少有一端接低电平时，输出为高电平。

（2）当输入端全部接高电平 $v_{IH} = 3.6V$ 时，$T_1$ 的基极电位 $v_{B1}$ 最高不会超过 2.1V。因为 $v_{B1} > 2.1V$ 时，$T_1$ 的集电结、$T_2$ 和 $T_5$ 的发射结同时导通，$v_{B1}$ 被钳位在：

$$v_{B1} = V_{BC1} + V_{BE2} + V_{BE5} = 0.7V + 0.7V + 0.7V = 2.1V$$

由此可知 $T_1$ 的所有发射结均截止。这时 $V_{DD}$ 通过 $R_1$ 使 $T_1$ 的集电结、$T_2$ 和 $T_5$ 的发射结同时导通，$T_2$ 和 $T_5$ 处于饱和状态。$T_2$ 的集电极电位为：

$$v_{C2} = V_{CE2(sat)} + V_{BE5} \approx 0.3V + 0.7V = 1V$$

由于 $R_4$ 的存在，$T_3$ 导通，那么 $T_4$ 的基极和发射极电位分别为：

$$v_{B4} = V_{E4} \approx V_{C2} - V_{BE3} = 1V - 0.7V = 0.3V$$

$$v_{E4} = V_{CE5(sat)} \approx 0.3V$$

$T_4$ 的发射极偏压 $V_{BE4} = v_{B4} - v_{E4} = 0.3 - 0.3 = 0V$，$T_4$ 处于截止状态；在 $T_4$ 截止、$T_5$ 饱和的情况下，输出 $Y$ 为低电平，其值为：

$$v_O = V_{OL} = V_{CE5(sat)} = 0.3V$$

结论是：当输入端全部接高电平时，输出为低电平。

综上所述，当电路输入端至少有一端接低电平时，输出为高电平；当输入端全部接高电平时，输出为低电平。由此可见，该电路的输出和输入之间满足与非逻辑关系：

$$Y = \overline{ABC}$$

TTL 与非门的真值表如表 2-4 所示。

表 2-4　TTL 与非门真值表

| $A$ | $B$ | $C$ | $Y$ | $A$ | $B$ | $C$ | $Y$ |
|---|---|---|---|---|---|---|---|
| 0 | 0 | 0 | 1 | 1 | 0 | 0 | 1 |
| 0 | 0 | 1 | 1 | 1 | 0 | 1 | 1 |
| 0 | 1 | 0 | 1 | 1 | 1 | 0 | 1 |
| 0 | 1 | 1 | 1 | 1 | 1 | 1 | 0 |

（3）输入端全部悬空时，$T_1$ 管的发射极全部截止，$V_{DD}$ 通过 $R_1$ 使 $T_1$ 的集电结以及 $T_2$ 和 $T_5$ 的发射结同时导通，$T_2$、$T_5$ 处于饱和状态，$T_3$、$T_4$ 处于截止状态。显然有 $v_O = V_{CE5(sat)} = 0.3V$。可见输入端全部悬空和输入端全部接高电平时，该电路的工作状态完全相同，所以，TTL 电路的某输入端悬空可以等效地看作该端接入了逻辑高电平。

需要注意的是，实际电路中悬空易引入干扰，所以不用的输入端一般不悬空，应作相应处理，例如可以通过一电阻接 $V_{DD}$。此外，使用 TTL 器件时，输出端不能直接与地线或电源线（+5V）相连。因为当输出端与地短路时，会造成 $T_3$、$T_4$ 管因电流过大而损坏；当输出端与 +5V 电源线短接时，$T_5$ 管会因电流过大而损坏。

#### 2.2.1.3 推挽输出电路和多发射极晶体管的作用

采用推挽式输出电路可以加速 $T_5$ 管存储电荷的消散。当 $T_5$ 由饱和转为截止时，$T_3$ 和 $T_4$ 导通。由于 $T_3$、$T_4$ 是复合射随电路，相当于 $T_5$ 集电极只有很小电阻，此时电流很大，从而加速了 $T_5$ 管脱离饱和的速度，使 $T_5$ 迅速截止。

多射极管 $T_1$ 大大缩短了 $T_2$ 和 $T_5$ 的开关时间。当输入端全部为高电位时，$T_1$ 处于倒置工作状态。此时 $T_1$ 向 $T_2$ 提供了较大的基极电流，使 $T_2$ 和 $T_5$ 迅速饱和导通；而当 A、B、C 中之一由高电平变为低电平的瞬间，$v_{C1}$ 仍为 1.4V，此时 $T_1$ 处于线性放大工作状态，该瞬间将产生一股很大的集电极电流流过 $T_2$ 和 $T_5$ 的发射结，反向驱动 $T_2$ 及 $T_5$，使 $T_2$ 和 $T_5$ 基区的存储电荷迅速消散，从而加快了 $T_2$ 和 $T_5$ 的截止过程，提高了开关速度。

### 2.2.2 TTL 与非门的主要技术参数

#### 2.2.2.1 TTL 与非门的电压传输特性

电压传输特性表示 TTL 与非门的输出电平随输入电平的变化特性。它既反映该门电路饱和与截止的稳态情况，也反映状态的变化（即转折）情况，如图 2-6 所示，图中曲线大致可分成 4 段，即 ab、bc、cd 和 de。

（1）ab 段：$v_1 < 0.6$V 以前（即为低电平），$T_1$ 饱和导通，$T_2$、$T_5$ 截止，$T_3$、$T_4$ 导通，输出电压 $v_0$ 为高电压，即 $V_{OH} = 3.6$V，此段为特性曲线的截止区。在此区域与非门处于关闭状态，即输入低电平，输出高电平的状态。

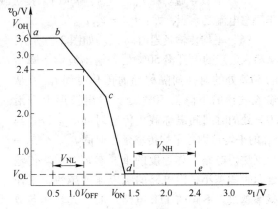

图 2-6 TTL 与非门的电压传输特性

（2）bc 段：输入电压 $v_1 > 0.6$，但仍低于 1.3V 时，输入超过标准的低电平，$T_2$ 先导通，但 $T_5$ 仍处于截止状态，且 $T_2$ 处于放大区，这时的 $T_3$、$T_4$ 仍为导通状态，故 $v_{C2}$ 和 $v_0$ 都随 $v_1$ 的升高而线性下降。此段称为特性曲线的线性区。

（3）cd 段：输入电压 $v_1 \approx 1.4$V 左右，致使 $T_5$ 也变为导通状态，输出电压 $v_0$ 急剧下降为低电平，此段为特性曲线的转折区。转折区中间对应的输入电压称为门限电压 $V_{I(th)}$。

（4）de 段：输入电压 $v_1$ 继续升高，因 $v_{C1}$ 继续升高，$v_{C2}$ 过低而使 $T_3$、$T_4$ 截止，输出电压 $v_0$ 完全由 $T_5$ 的饱和压降决定，不再降低，此段为特性曲线的饱和区。在饱和区与非门呈开启状态，相应的输出为低电平，即 $V_{OL} \approx 0.3$V。

#### 2.2.2.2 TTL 与非门的主要参数

为了正确地选择和使用 TTL 与非门，应对其主要参数有一定的了解。下面简要介绍这些参数。

（1）标称逻辑电平。在逻辑门电路中，通常用 1 表示高电平，0 表示低电平，这种表示逻辑 1 和 0 的理想电平值称为标称逻辑电平，TTL 与非门电路的标称逻辑电平分别为：$V(1) = 5$V，$V(0) = 0$V。

（2）输出高电平 $V_{OH}$ 和输出低电平 $V_{OL}$。输入端中任何一个接低电平时的输出电压值叫输出高电平。不同型号的 TTL 与非门，其内部结构有所不同，故其 $V_{OH}$ 也不一样。即使同一个与非门，其 $V_{OH}$ 也随负载的变化表现出不同的数值，其典型值为 3.6V，最小值规定为 2.4V，对应电压传输特性上的 *ab* 段。输入端全部为高电平时的输出电压值叫输出低电平 $V_{OL}$，典型值为 0.3V，最大值为 0.4V，对应于电压传输特性上的 *de* 段。

（3）输入高电平 $V_{IH}$ 和输入低电平 $V_{IL}$。$V_{IH}$ 是与逻辑 1 对应的输入电平，其典型值是 3.6V；$V_{IL}$ 是与逻辑 0 对应的输入电平，其典型值是 0.3V。

（4）开门电平 $V_{ON}$ 和关门电平 $V_{OFF}$。实际门电路中，高电平或低电平都不可能是标称逻辑电平，而是处在偏离这一标称值的一个范围内。图 2-6 中，当输入电平在 0V ~ $V_{OFF}$ 范围内都表示逻辑值 0；当输入电平在 $V_{ON}$ ~ 5V 范围内都表示逻辑值 1，此时电路都能实现正常的逻辑功能。称 $V_{OFF}$ 为关门电平，是表示逻辑值 0 的输入电平的最大值；称 $V_{ON}$ 为开门电平，是表示逻辑值 1 的输入电平的最小值。

一般情况下，TTL 与非门的 $V_{OFF} = 1.1V$，$V_{ON} = 1.4V$。这说明当输入信号电平受到干扰而使高电平下降或低电平升高时，只要高电平不下降到 1.4V 以下，低电平不升到 1.1V 以上，门电路仍能保持正常工作。可见 $V_{ON}$ 和 $V_{OFF}$ 是使 TTL 与非门能够进入逻辑 0 态和 1 态时的输入电压的临界值，它们可以反映电路的抗干扰能力。

（5）空载导通功耗 $P_{ON}$。它指与非门未接负载时所消耗的电源功率，其值为电源电压和与非门总电流之乘积，即：$P_{ON} = V_{CC}I_C$。

（6）平均传输延迟时间 $t_{pd}$。如图 2-7 所示，从输入波形的上升沿 50% 处到输出波形下降沿的 50% 处的时间间隔称导通传输时间 $t_{PHL}$；从输入波形的下降沿 50% 处到输出波形上升沿 50% 处的时间间隔称截止传输时间 $t_{PLH}$。$t_{PHL}$ 与 $t_{PLH}$ 的平均值则称平均传输延迟时间 $t_{pd}$。$t_{pd}$ 是一个反映门电路工作速度的重要参数。平均传输延迟时间越小，门电路的响应速度越快，工作频率越快。不同的 TTL 电路产品，其具体参数不同，使用时以产品手册上给出的基本参数为依据。

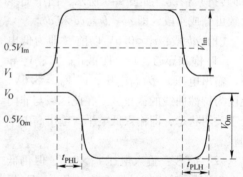

图 2-7　TTL 与非门的传输延迟时间

（7）干扰容限 $V_{NH}$ 和 $V_{NL}$。实际应用中，由于外界干扰、电源波动等原因，可能使门电路的输入电平偏离规定值。严重时可导致电路输入、输出之间产生错误逻辑关系，破坏门电路的正常工作。为了保证电路可靠工作，应对干扰的幅度有一定限制。一般称不至于造成错误逻辑关系的最大允许干扰电压的幅值为干扰容限，也称噪声容限。干扰容限描述了门电路抗干扰能力的大小。干扰容限有低电平干扰容限和高电平干扰容限之分。低电平干扰容限记作 $V_{NL}$，其值一般为：$V_{NL} = V_{OFF} - V_{IL}$；高电平干扰容限记作 $V_{NH}$，其值一般为：$V_{NH} = V_{IH} - V_{ON}$。由传输特性曲线（图 2-6）可以看出，$V_{NL}$ 和 $V_{NH}$ 愈接近，与非门的抗干扰能力就愈强。

（8）输入短路电流 $I_{IS}$。当某一输入端接地，其余输入端悬空时，流入接地输入端的电流称为输入短路电流 $I_{IS}$，典型的数值为 $I_{IS} \leq 2.2mA$。

（9）输入漏电流 $I_{IH}$。当某一输入端接高电平，其余输入端接地时，流入接高电平输入端的电流称为输入漏电流，典型的数值为 $I_{IH} \leq 70\mu A$。

（10）最大灌电流 $I_{OLmax}$ 和最大拉电流 $I_{OHmax}$。$I_{OLmax}$ 是在保证与非门输出标准低电平的前提下，允许流进输出端的最大电流，一般为十几毫安。$I_{OHmax}$ 是在保证与非门输出标准高电平并且不出现过功耗的前提下，允许流出输出端的最大电流，一般为几毫安。

（11）扇入系数 $N_I$ 和扇出系数 $N_0$。扇入系数 $N_I$ 是门电路的输入端数，一般 $N_I \leqslant 5$，最多不超过8。若需要输入端数超过 $N_I$ 时，可以用与扩展器来实现。扇出系数 $N_0$ 是指一个门能驱动同类型门的个数，一般 $N_0 \geqslant 8$，$N_0$ 越大，表明与非门的带负载能力越强。

### 2.2.3　集电极开路与非门和三态输出与非门

一般的 TTL 门电路，不论输出高电平，还是输出低电平，其输出电阻都很低，只有几欧到

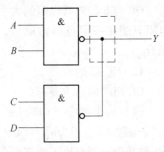

几十欧，因此，不能把两个或两个以上的 TTL 门电路的输出端直接并接在一起（见图 2-8 的虚线框）。当两个门并接时，若一个门输出为高电平，另一个门输出低电平，则它们中的导通管就会在电源和地之间形成一个低阻串联通路，这会产生一个很大的从截止门 $T_5$ 管流到导通门 $T_5$ 管的电流，该电流不仅会使导通门的输出低电平抬高，不能输出正确的逻辑电平，而且会使 $T_5$ 管因功耗过大而损坏。为了满足门电路输出端"并联应用"的要求，又不破坏输出端的逻辑状态和不损坏门电路，现已设计出集电极开路的 TTL 门电路，又称 OC 门。

图 2-8　两个 TTL 门并联

集电极开路与非门及三态逻辑与非门多用于计算机电路中。由于其输出端可直接相接，从而可实现"线与"。三态逻辑与非门其输出除高、低电平外，还有一种高阻态（或禁止状态），它可为同一导线轮流传送几组不同的数据和控制信号。以下分别讨论集电极开路与非门及三态逻辑与非门。

#### 2.2.3.1　集电极开路与非门

集电极开路的门电路有许多种，包括集电极开路的与门、非门、与非门、异或非门及其他种类的集成电路。下面仅介绍集电极开路的 TTL 与非门，即 OC 门。

A　OC 门的结构特点

集电极开路的 TTL 与非门，又称作 OC 与非门（简称 OC 门），是一种能够实现"线与"逻辑的电路。图 2-9 是 OC 与非门的典型电路和逻辑符号。OC 与非门的电路特点是将 $T_5$ 输出

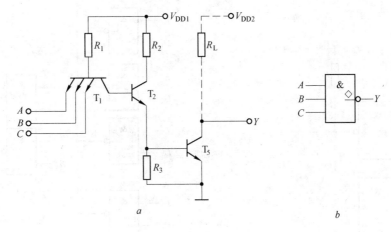

图 2-9　集电极开路门电路

a—电路图；b—逻辑图

管的集电极开路。使用 OC 门时，为保证电路正常工作，必须外接一只电阻 $R_L$ 与电源 $V_{DD2}$ 相连，称为上拉电阻。多个 OC 与非门输出端相连时，可以共用一个上拉电阻 $R_L$。OC 与非门电路与图 2-4$a$ 所示 TTL 与非门相比，差别仅在于用外接上拉电阻 $R_L$ 取代了由 $T_3$、$T_4$ 构成的有源负载。

B　OC 门的工作原理

OC 与非门接上上拉电阻之后，当其输入中有低电平时，$T_2$、$T_5$ 均截止，$Y$ 端输出高电平。当其输入全是高电平时，$T_2$、$T_5$ 均导通，只要取值适当，$T_5$ 就可以达到饱和，使 $Y$ 端输出低电平 (0.3V)。可见 OC 与非门外接上拉电阻后就是一个与非门。

OC 与非门外接电阻的大小会影响系统的开关速度，其值越大，工作速度越低。由于外接电阻只能在一定范围内取值，开关速度受到限制，故 OC 与非门只适用于开关速度不高的场合。

C　OC 门的应用

OC 门的用途主要有：

(1) 两个或多个 OC 与非门的输出信号在输出端可实现直接相与的逻辑功能，称为"线与"。图 2-10 所示为两个 OC 与非门并联后的电路，再经上拉电阻 $R_L$ 接电源 $V_{DD}$。至少有一个 OC 与非门的所有输入端都为高电平时，输出为低电平；只有每个 OC 与非门的输入中都有低电平时，输出才为高电平，输出 $Y$ 与输入 $A$、$B$、$C$、$D$ 之间的逻辑关系为：$Y = \overline{AB} \cdot \overline{CD}$。

(2) 实现多路信号在总线上的分时传输，如图 2-11 所示。图中 $D_1$、$D_2$、$D_3$、$\cdots$、$D_n$ 是需要传送的数据，$E_1$、$E_2$、$E_3$、$\cdots$、$E_n$ 是各个 OC 与非门的选通信号。无论在任何时刻，只允许一个 OC 与非门被选通，以便保证在任何时刻，只有一路数据被传送到总线上；否则，会使多路数据"线与"后的结果传送到总线上（有时需要这样）。若 $E_1 = 1$，$E_2 = E_3 = \cdots = E_n = 0$ 时，则 $Y_1 = \overline{D_1}$，$Y_2 = Y_3 = \cdots = Y_n = 1$。传送到总线上的数据 $Y$ 为：

$$Y = Y_1 Y_2 Y_3 \cdots Y_n = \overline{D_1} \cdot 1 \cdot 1 \cdot \cdots \cdot 1 = \overline{D_1}$$

即第一路数据 $D_1$ 被反相传送到数据总线上。总线上的数据可以同时被所有的负载门接收，也可在选通信号控制下，让指定的负载门接收信号。

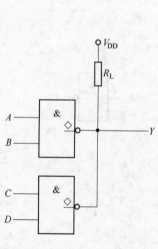

图 2-10　用 OC 门实现线与

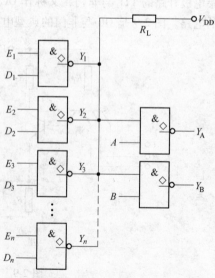

图 2-11　用 OC 门实现总线传输

（3）实现电平转换——抬高输出高电平。由 OC 与非门的功能分析可知，OC 与非门输出的低电平 $V_{OL} \approx 0.3V$，高电平 $V_{OH} \approx V_{DD}$。所以，改变电源电压可以方便地改变其输出高电平。只要 OC 与非门输出管的集射极反向击穿电压 $V_{(BR)CEO}$ 大于 $V_{DD}$，就可把高电平抬高到 $V_{DD}$ 的值。OC 与非门的这一特性被广泛用于数字系统的接口电路，实现前级和后级的电平匹配。

（4）驱动非逻辑性负载。图 2-12a 是用来驱动发光二极管（LED）的电路。当 OC 与非门输出低电平时，LED 导通发光；当 OC 与非门输出高电平时，LED 截止熄灭。图 2-12b 是用来驱动干簧继电器的电路。二极管 VD 保护 OC 与非门的输出管不被击穿。图 2-12c 是用来驱动脉冲变压器的电路。脉冲变压器与普通变压器的工作原理相同，只是脉冲变压器可工作在更高的频率上。

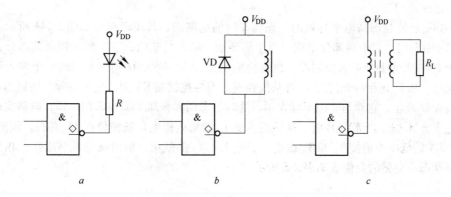

图 2-12　OC 与非门驱动发光二极管、干簧继电器和脉冲变压器电路
a—驱动 LED 电路；b—驱动干簧继电器电路；c—驱动脉冲变压器电路

图 2-13 是用来驱动电容负载的电路，构成锯齿波发生器。当 $v_I = V_{OL}$ 时 OC 与非门截止，$V_{DD}$ 通过 $RC$ 对电容 $C$ 充电，$v_o$ 近似线性上升；当 $v_I = V_{OH}$ 时，OC 门导通，电容通过 OC 与非门放电，$v_o$ 迅速下降，在电容两端形成锯齿波电压。

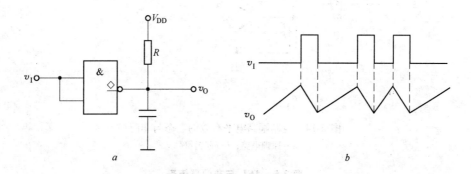

图 2-13　OC 与非门驱动电容电路和输入、输出波形图
a—驱动电容电路；b—输入、输出波形图

（5）用来实现"与或非"运算。利用反演律可把图 2-10 的输出函数变换为：

$$Y = \overline{AB \cdot CD} = \overline{AB + CD}$$

用 OC 门实现"与或非"运算，要比用其他门的成本低。

### 2.2.3.2　三态输出与非门（TSL 门）

三态输出与非门又叫 TSL 门，也可简称三态门。

**A　三态门的工作原理**

普通的 TTL 门电路的输出只有两种状态，即逻辑 0 和逻辑 1，这两种状态都是低阻输出。三态逻辑（TSL）输出门其输出除了具有这两个状态外，还具有高阻输出的第三状态（或称禁止状态、悬浮状态）。

电路输出的三种状态是：高电平，即逻辑 1 状态；低电平，即逻辑 0 状态；高阻状态：这种状态是使原 TTL 门电路中的 $T_4$ 和 $T_5$ 管均处于截止状态，这时输出端相当于悬空，呈现出极高的电阻。输出端的电压值可浮动在 0V 至 5V 的任意数值上。需要注意的是，在禁止状态下，三态门与负载之间无信号联系，对负载不产生任何逻辑功能，所以禁止状态不是逻辑状态，三态门也不是三值门。

图 2-14a 是控制端高电平有效的三态与非门的电路图，其逻辑符号如图 2-14b 所示。从电路图 2-14a 中看出，它由两部分组成。上半部分是三输入与非门，下半部为控制部部分，控制输入端为 $EN$（一般称 $EN$ 为控制端，也称使能端）。$EN$ 一方面接到与非门的一个输入端，另一方面通过二极管 D 和与非门的 $T_3$ 管基极相连。因为控制端 $EN$ 为高电平有效。所以当 $EN = 1$ 时，二极管 D 截止，它对与非不起作用，这时三态门和普通 TTL 与非门一样，电路实现正常与非功能 $Y = \overline{A \cdot B}$；当 $EN = 0$ 时，D 导通，使 $T_3$ 的集电极电位被钳位在 1V 左右，致使 $T_4$ 管也截止。$EN$ 的低电平迫使 $T_2$ 和 $T_5$ 截止，于是 $T_4$、$T_5$ 都截止，输出端呈现高阻抗。相当于悬空或断路状态。电路的真值表如表 2-5 所示。

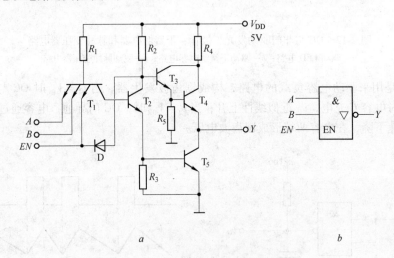

图 2-14　控制端高电平有效的三态与非门

a—原理电路；b—逻辑符号

**表 2-5　TSL 与非门真值表**

| $EN$ | $A \cdot B$ | $Y$ | $EN$ | $A \cdot B$ | $Y$ |
|---|---|---|---|---|---|
| 0 | 0 | 高阻 | 1 | 0 | 1 |
| 0 | 1 | 高阻 | 1 | 1 | 0 |

另一种是控制端为低电平有效的电路，即当控制 $EN = 0$ 时，电路实现与非功能 $Y = \overline{A \cdot B}$，三态门工作；而当 $EN = 1$ 时，输出端对地呈现高阻状态。其逻辑符号是在控制端加一非号

（小圆圈），对该电路可自行分析。

B 三态门的应用

（1）三态门的主要用途是可以实现在同一个公用通道上轮流传送多个不同的信息，该公共通道常称之为总线，各个三态门可以在控制信号的控制下与总线相连或脱离。如图 2-15 所示电路为三态门构成的单向总线，$EN_1$、$EN_2$、$EN_3$ 轮流为高电平 1，且任何时刻只能有一个三态门工作，而其他三态门由于 $EN=0$ 处于高阻状态，则输入信号 $A_1B_1$、$A_2B_2$、$A_3B_3$ 轮流以与非关系将信号送到总线上，即各门电路的输出分时传送至传输线上而不互相干扰。因此，特别适用于将不同的输入数据分时传送给总线的情况。

（2）三态门的另一用途是构成双向总线，实现信号双向传输。图 2-16 所示电路为由三态门构成的双向总线。当 $EN=1$ 时，$G_2$ 呈高阻状态，$G_1$ 工作，输入数据 $D_0$ 经 $G_1$ 反相后送到总线上，当 $EN=0$ 时，$G_1$ 呈高阻状态，$G_2$ 工作，总线上的数据经 $G_2$ 反相后输出。可见，控制 $EN$ 的取值可实现控制数据的双向传输。

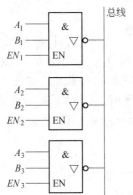
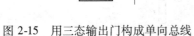
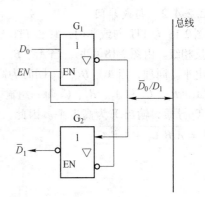

图 2-15 用三态输出门构成单向总线      图 2-16 用三态输出门构成双向总线

三态门的传输延迟时间要比 OC 门短一些，主要是因为三态门输出高电平时，输出管按射随器方式工作，输出阻抗低，分布电容可以快速充电，而 OC 门的上拉电阻 $R_L$ 不能太小，分布电容充电时间要长一些。

## 2.2.4 其他类型的 TTL 门电路

在 TTL 电路系列产品中，除应用最广泛的 TTL 与非门之外，常用的还有或非门、与或非门、与门、或门、异或门等，它们与 TTL 与非门虽然逻辑功能不同，但其电路或是由 TTL 与非门稍加改动得到，或是与非门电路的一部分，或是由与非门的若干部分组合而成，因而只要掌握了与非门电路的工作原理，这些电路的工作原理便可自行分析。

### 2.2.4.1 或非门

图 2-17 为 TTL 或非门，其中，$T_1'$，$T_2'$ 和 $R_1'$ 所组成的电路和 $T_1$、$T_2$、$R_1$ 组成的电路完全相同。当 $A$ 为高电平时，$T_2$ 和 $T_5$ 同时导通，$T_4$ 截止，输出 $Y$ 为低电平。当 $B$ 为高电平时，$T_2'$ 和 $T_5$ 同时导通而 $T_4$ 截止，$Y$ 也是低电平。只有 $A$、$B$ 都为低电平时，$T_2$ 和 $T_2'$ 同时截止，$T_5$ 截止而 $T_4$ 导通，从而使输出 $Y$ 成为高电平。因此，$Y$ 和 $A$、$B$ 之间为或非关系，即 $Y = \overline{A+B}$。可见，或非门中的或逻辑关系是将 $T_2$ 和 $T_2'$ 两个三极管的输出端并联来实现的。

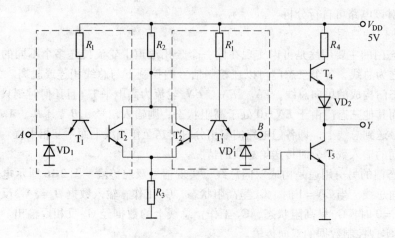

图 2-17　TTL 或非门电路

### 2.2.4.2　与或非门

图 2-18 为 TTL 与或非门，它和 TTL 与非门相比，增加了一个由 $T_1'$、$T_2'$ 和 $R_1'$ 组成的输入电路和反相级。由图 2-18 可见，当 $A_1$、$B_1$、$C_1$ 同时为高电平时，$T_2$、$T_5$ 导通而 $T_4$ 截止，输出 $Y$ 为低电平。同理，当 $A_2$、$B_2$、$C_2$ 同时为高电平时，$T_2'$、$T_5$ 导通而 $T_4$ 截止，也使 $Y$ 为低电平。只有 $A_1$、$B_1$、$C_1$ 和 $A_2$、$B_2$、$C_2$ 每一组输入都不同时为高电平时，$T_2$ 和 $T_2'$ 同时截止，使 $T_5$ 截止而 $T_4$ 导通，输出 $Y$ 为高电平。因此，$Y$ 和 $A_1$、$B_1$、$C_1$ 及 $A_2$、$B_2$、$C_2$ 之间是与或非关系，即：$Y = \overline{A_1 B_1 C_1 + A_2 B_2 C_2}$。

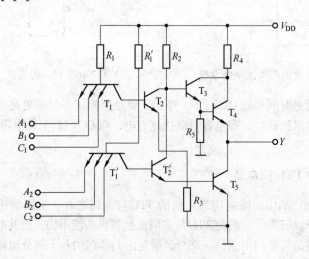

图 2-18　TTL 与或非门电路

双极性集成逻辑门电路除上述应用最广泛的 TTL 门电路之外，还根据实践需要生产出许多特殊性能的门电路，例如，高阈值门电路（HTL），其特点是阈值电压高（一般为 7 ~ 8V）、噪声容限大、抗干扰能力强，但速度较低，多用在低速、抗干扰要求高的工业设备中；射极耦合门电路（ECL），其特点是开关速度高、带负载能力强、内部噪声低，但功耗较大、噪声容限较小、输出电平易受温度影响，多用于超高速或高速设备中；还有集成注入逻辑电路，它具有低功耗、低电压、高集成度等特点，但开关速度较低，输出电压幅度较小，多用于大规模数字集成电路的内部逻辑电路等。

### 2.2.5　TTL 集成逻辑门电路系列简介

TTL 集成逻辑门电路的系列主要有：

（1）74 系列。又称标准 TTL 系列，属中速 TTL 器件，其平均传输延迟时间约为 10ns，平均功耗约为 10mW/每门。

（2）74L 系列。为低功耗 TTL 系列，又称 LTTL 系列。用增加电阻阻值的方法将电路的平均功耗降低为 1mW/每门，但平均传输延迟时间较长，约为 33ns。

（3）74H 系列。为高速 TTL 系列，又称 HTTL 系列。与 74 标准系列相比，电路结构上主要作了两点改进：一是输出级采用了达林顿结构；二是大幅度降低了电路中电阻的阻值。从而提高了工作速度和负载能力，但电路的平均功耗增加了。该系列的平均传输延迟时间为 6ns，平均功耗约为 22mW/每门。

（4）74S 系列。为肖特基 TTL 系列，又称 STTL 系列。图 2-19 为 74S00 与非门的电路，与 74 系列与非门相比较，为了进一步提高速度，主要作了以下 3 点改进：

1）输出级采用了达林顿结构，$T_3$、$T_4$ 组成复合管电路，降低了输出高电平时的输出电阻，有利于提高速度，也提高了负载能力。

2）采用了抗饱和三极管，如图 2-20 所示。

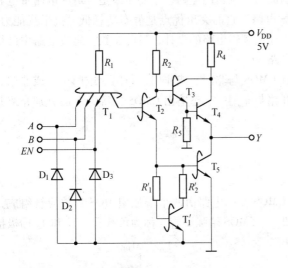

图 2-19　74S00 与非门的电路

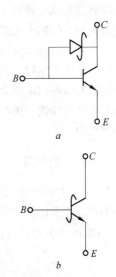

图 2-20　抗饱和三极管
*a*—电路结构；*b*—逻辑符号

3）用 $T_1'$、$R_1'$、$R_2'$ 组成的"有源泄放电路"代替了原来的 $R_3$。

另外输入端的 3 个二极管 $D_1$、$D_2$、$D_3$ 用于抑制输入端出现的负向干扰，起保护作用。

由于采取了上述措施，74S 系列的延迟时间缩短为 3ns，但电路的平均功耗较大，约为 19mW/每门。

（5）74LS 系列。为低功耗肖特基系列，又称 LSTTL 系列。电路中采用了抗饱和三极管和专门的肖特基二极管来提高工作速度，同时通过加大电路中电阻的阻值来降低电路的功耗，从而使电路既具有较高的工作速度，又有较低的平均功耗。其平均传输延迟时间为 9ns，平均功耗约为 2mW/每门。

(6) 74AS 系列。为先进肖特基系列，又称 ASTTL 系列，它是 74S 系列的后继产品，是在 74S 的基础上大大降低了电路中的电阻阻值，从而提高了工作速度。其平均传输延迟时间为 1.5ns，但平均功耗较大，约为 20mW/每门。

(7) 74ALS 系列。为先进低功耗肖特基系列，又称 ALSTTL 系列，是 74LS 系列的后继产品，是在 74LS 的基础上通过增大电路中的电阻阻值、改进生产工艺和缩小内部器件的尺寸等措施，降低了电路的平均功耗、提高了工作速度。其平均传输延迟时间约为 4ns，平均功耗约为 1mW/每门。

# 2.3　集成 CMOS 门电路

MOS 集成逻辑门是采用半导体场效应管作为开关元件的数字集成电路，它分为 PMOS、NMOS 和 CMOS 三种类型。在 MOS 数字集成电路的发展过程中，最初采用的电路全部是用 P 沟道 MOS 管组成的，这种电路称为 PMOS 电路。PMOS 工艺比较简单，成品率高，价格便宜，曾被广泛采用，但其工作速度低，且采用负电源，输出电平为负，所以不便于和 TTL 电路相连，因而其应用受到了限制。NMOS 电路全部使用 NMOS 管组成，其工作速度快、尺寸小、集成度高，而且采用正电源工作，便于和 TTL 电路相连。NMOS 工艺比较适用于大规模数字集成电路，如存储器和微处理器等，但不适宜制成通用逻辑门电路，主要原因是 NMOS 电路带电容性负载能力较弱。CMOS 电路又称互补 MOS 电路，它的突出优点是静态功耗低、抗干扰能力强、工作稳定性好、开关速度高，特别适用于通用逻辑电路的设计，目前在数字集成电路中已得到普遍应用。下面着重讨论 CMOS 逻辑门电路。

常用的 CMOS 门电路除非门外，还有 CMOS 与非门、或非门、与门、或门、与或非门、异或门及 CMOS 传输门、模拟开关、漏极开路与非门、三态输出 CMOS 门等，下面分别介绍其中的几种逻辑门。

## 2.3.1　CMOS 反相器

### 2.3.1.1　CMOS 反相器的电路结构

CMOS 反相器电路如图 2-21a 所示，CMOS 非门电路由两个增强型 MOS 场效应管组成，其中 $T_1$ 为 NMOS 增强型管，称为驱动管；$T_2$ 为 PMOS 增强型管，称为负载管。$T_1$ 和 $T_2$ 栅极接在

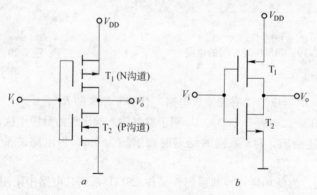

图 2-21　CMOS 反相器

$a$—电路图；$b$—简化电路

一起作为非门电路的输入端，漏极接在一起作为非门的输出端。

图 2-21$b$ 是 CMOS 反相器的简化电路。工作时，$T_1$ 的源极接地，NMOS 管的栅源开启电压 $V_{T1}$ 为正值；$T_2$ 的源极接电源 $V_{DD}$，PMOS 管的栅源开启电压 $V_{T2}$ 是负值，其数值范围在 $2 \sim 5V$ 之间。为了使电路正常工作，通常取电源电压 $V_{DD} > V_{T1} + |V_{T2}|$。$V_{DD}$ 可在 $3 \sim 18V$ 之间工作，适用范围较宽。

### 2.3.1.2　CMOS 反相器的工作原理

CMOS 反相器的工作原理为：

（1）当 CMOS 非门输入为低电平，即 $V_I = V_{IL} = 0V$ 时（$V_{IL} < V_{T1}$），$V_{GS1} = 0$，因此 $T_1$ 截止，而此时 $|V_{GS2}| > |V_{T2}|$，所以 $T_2$ 导通，且导通内阻很低，所以 $V_O = V_{OH} \approx V_{DD}$，即输出为高电平。

（2）当输入为高电平，即 $V_I = V_{IL} = V_{DD}$ 时，$V_{GS1} = V_{DD} > V_{T1}$，$T_1$ 导通，而 $V_{GS2} = 0 < |V_{T2}|$，因此 $T_2$ 截止。此时 $V_O = V_{OL} \approx 0$，即输出为低电平。可见，CMOS 反相器实现了非逻辑功能。

由上述可见，CMOS 反相器在工作时，无论 CMOS 非门输入是高电平还是低电平，$T_1$ 和 $T_2$ 总是一个导通而另一个截止，成互补式工作状态，故称之为互补对称式 MOS 电路，简称 CMOS 电路。

CMOS 非门电路由于采用了互补对称工作方式，在静态下，$T_1$ 和 $T_2$ 中总有一个截止，且截止时阻抗极高，流过 $T_1$ 和 $T_2$ 的静态电流很小，因此 CMOS 反相器的静态功耗非常低，这是 CMOS 电路最突出的优点。CMOS 非门电路是构成各种 CMOS 逻辑电路的基本单元。

### 2.3.1.3　CMOS 反相器的主要特性

CMOS 反相器的电压传输特性如图 2-22 所示，该特性曲线大致分为 $AB$、$BC$、$CD$ 三个阶段。

（1）$AB$ 段：$V_I < V_{T1}$，输入低电平时，$V_{GS1} < V_{T1}$，$|V_{GS2}| > |V_{T2}|$，故 $T_1$ 截止，$T_2$ 导通，$V_O = V_{OL} \approx 0$，输出高电平。

（2）$CD$ 段：$V_I > V_{DD} - |V_{T2}|$ 输入为高电平，$T_1$ 导通，而 $|V_{GS2}| < |V_{T2}|$，故 $T_2$ 截止，$V_O = V_{OH} \approx V_{DD}$，所以输出低电平。

（3）$BC$ 段：$V_{TN} < V_I < (V_{DD} - |V_{T2}|)$，此时由于 $V_{GS1} > V_{T1}$，$|V_{GS2}| > |V_{T2}|$，故 $T_1$、$T_2$ 均导通。若 $T_1$、$T_2$ 的参数对称，则 $V_I = V_{DD}$ 时两管导通内阻相等，$V_O = V_{DD}$。因此，CMOS 反相器的阈值电压为 $V_I \approx V_{DD}$。$BC$ 段特性曲线很陡，可见 CMOS 反相器的传输特性接近理想开关特性，因而其噪声容限大，抗干扰能力强。

CMOS 反相器的电流传输特性如图 2-23 所示，在 $AB$ 段由于 $T_1$ 截止，阻抗很高，所以流过

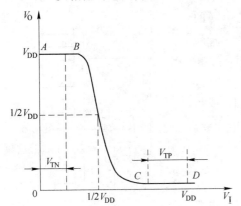

图 2-22　CMOS 反相器的电压传输特性

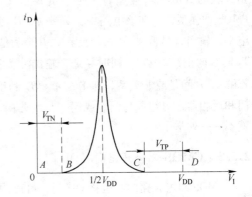

图 2-23　CMOS 反相器的电流传输特性

$T_1$ 和 $T_2$ 的漏电流几乎为0。在 $CD$ 段 $T_2$ 截止，阻抗很高，所以流过 $T_1$ 和 $T_2$ 的漏电流也几乎为0。只有在 $BC$ 段，$T_1$ 和 $T_2$ 均导通时，才有电流 $i_D$ 流过 $T_1$ 和 $T_2$，并且在 $V_I = 1/2V_{DD}$ 附近时，$i_D$ 最大。

### 2.3.2　CMOS 与非门

#### 2.3.2.1　CMOS 与非门的电路结构

在 CMOS 反相器的基础上可以构成各种 CMOS 逻辑门。图 2-24 所示为二输入端 CMOS 与非门电路，由图可见 CMOS 与非门由四个 MOS 管组成。工作管 $T_1$ 和 $T_2$ 是两个串联的增强型 NMOS 管，用作驱动管；$T_3$ 和 $T_4$ 是两个并联的增强型 PMOS 管，用作负载管。$T_3$ 和 $T_2$ 为一对互补管，它们的栅极作为输入端 $A$；$T_4$ 和 $T_1$ 作为一对互补管，它们的栅极相连作为输入端 $B$；$T_4$ 和 $T_2$ 的漏极相连作为输出端。$T_2$ 的衬底与 $T_1$ 的源极相连后，共同接地。

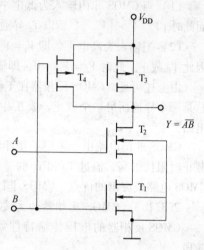

图 2-24　CMOS 与非门电路

#### 2.3.2.2　CMOS 与非门的工作原理

当输入端 $A$、$B$ 均为低电平时，$T_1$ 和 $T_2$ 同时截止，$T_3$ 和 $T_4$ 同时导通，输出高电平，$Y = 1$；当输入端 $A$ 为低电平，$B$ 为高电平时，$T_2$ 截止，$T_3$ 导通，输出高电平($V_{OH} \approx V_{DD}$)，$Y = 1$；当输入端 $A$ 为高电平，$B$ 为低电平时，$T_1$ 截止，$T_4$ 导通，输出高电平 ($V_{OH} \approx V_{DD}$)，$Y = 1$；只有当输入端 $A$、$B$ 均为高电平时，$T_1$ 和 $T_2$ 同时导通，$T_3$ 和 $T_4$ 同时截止，输出为低电平，$Y = 0$。综上所述，设高电平为逻辑1、低电平为逻辑0，则输出 $Y$ 和输入 $A$、$B$ 之间是与非逻辑关系，其逻辑表达式为：$Y = \overline{AB}$。表 2-6 是 CMOS 与非门的真值表。

**表 2-6　CMOS 与非门真值表**

| $A$ | $B$ | $Y$ | $A$ | $B$ | $Y$ |
|-----|-----|-----|-----|-----|-----|
| 0 | 0 | 1 | 1 | 0 | 1 |
| 0 | 1 | 1 | 1 | 1 | 0 |

图 2-25 是 CMOS 或非门电路，它的两个工作管 $T_1$、$T_2$ 是并联的 NMOS 增强型管，两个负载管 $T_3$、$T_4$ 是串联的 PMOS 增强型管。在该电路中，只要 $A$、$B$ 当中有一个是高电平，输出就是低电平。只有当 $A$、$B$ 全为低电平时，$T_1$ 和 $T_2$ 同时截止，$T_3$ 和 $T_4$ 同时导通，输出才为高电平。因此，$Y$ 和 $A$、$B$ 间是或非关系，即 $Y = \overline{A + B}$。利用与非门、或非门和反相器还可组成与门、或门、与或非门、异或门等等，就不一一列举了。

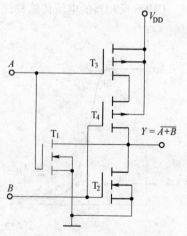

图 2-25　CMOS 或非门电路

### 2.3.3　CMOS 漏极开路门（OD 门）

CMOS 漏极开路门，也称 OD 门，可以用来实现线与逻辑，而且更多地被用来作为输出缓冲/驱动电路，或用来作输出电平的变换，以满足吸收大负载电流的要求。

图 2-26 是 CMOS 漏极开路与非门的电路图。输出 MOS 管的漏极是开路的，工作时必须外接电阻 $R_D$ 和电源 $V_{DD2}$ 方可实现 $Y = \overline{AB}$ 的与非逻辑关系。若不外接电阻 $R_D$ 和电源 $V_{DD2}$，电路则不能正常工作。

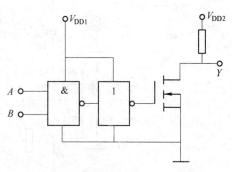

OD 门工作原理如下：

（1）当两个输入 $A$、$B$ 均为高电平时，MOS 管导通，漏极输出低电平。在输出低电平 $V_{OL}$ 的情况下，它可以吸收较大的负载电流。

图 2-26 CMOS 漏极开路与非门电路

（2）当两个输入 $A$、$B$ 至少有一个为低电平时，MOS 管截止，在外加电源电压为 $V_{DD2}$ 时，漏极输出高电平 $V_{OH} \approx V_{DD2}$，即电路将 $0 \sim V_{DD1}$ 的信号电平变换成了 $0 \sim V_{DD2}$ 的新电平。

### 2.3.4 CMOS 传输门

CMOS 传输门是由 NMOS 增强型管和 PMOS 增强型管并联互补而成的。CMOS 传输门和 CMOS 反相器一样，是构成各种逻辑电路的基本单元。图 2-27 是 CMOS 传输门的电路图及逻辑符号，由图可看出，NMOS 管 $T_1$ 衬底接地，PMOS 管 $T_2$ 衬底接电源 $V_{DD}$，$T_1$ 和 $T_2$ 的源极相连作为输入端，漏极相连作为输出端。由于 MOS 管的结构是对称的，故它们的源极和漏极可互换使用，即输入与输出也可以互易使用，因而 CMOS 传输门属于可逆的双向器件。$T_1$、$T_2$ 的两个栅极作为控制端，分别接一对互补控制信号 $C$ 和 $\overline{C}$。

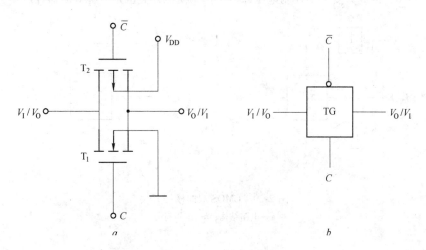

图 2-27 CMOS 传输门

$a$—电路结构；$b$—逻辑符号

如果传输门的一端接输入正电压 $V_1$，另一端接负载电阻 $R_L$，则电路结构如图 2-28 所示。传输门的工作原理如下（设控制信号的低电平为 0V，高电平为 $V_{DD}$）：

（1）当 $C$ 接低电平，$\overline{C}$ 接 $V_{DD}$ 时，即控制信号 $C = 0$、$\overline{C} = 1$ 时，只要输入信号的变化范围在 $0 \sim V_{DD}$ 之间，则 $T_1$、$T_2$ 同时截止，输入与输出之间呈高阻状态（$>10^9 \Omega$），传输门截止，不能传递信号，$V_0 = 0$；

（2）当 $C$ 接 $V_{DD}$，$\overline{C}$ 接低电平时，即控制信号 $C = 1$、$\overline{C} = 0$ 时，而且在 $R_L$ 大于 $T_1$、$T_2$ 的导

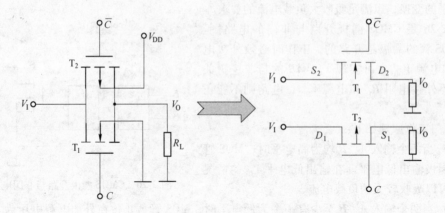

图 2-28　CMOS 传输门中两个 MOS 管的工作状态

通电阻的情况下，当 $0 \leqslant V_I \leqslant V_{DD} - V_{TI}$ 时，$T_1$ 将导通；而当 $|V_{T2}| \leqslant V_I \leqslant V_{DD}$ 时，$T_2$ 导通。因此，当 $V_I$ 在 $0 \sim V_{DD}$ 之间变化时，$T_1$、$T_2$ 至少有一个是导通的，使输入与输出之间呈现低阻状态（$< 1k\Omega$），传输门导通，信号可由输入端传输到输出端，并有 $V_0 \approx V_I$。

CMOS 传输门常用来作双向模拟开关，可以用来传输连续变化的模拟电压信号，广泛用于采样/保持电路、模/数转换电路等。实际中的双向模拟开关电路是由 CMOS 传输门和反相器组成的，如图 2-29 所示。当控制信号 $C = 1$ 时，传输门 TG 导通，即开关接通，输入模拟信号几乎无衰减地传输到输出端，即 $V_0 = V_I$；而当 $C = 0$ 时，传输门 TG 截止，即开关断开，不能传递信号，$V_0 = 0$，因此只要一个控制电压即可工作。模拟开关也是一种双向器件。

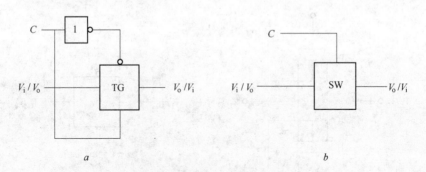

图 2-29　CMOS 双向模拟开关

*a*—电路结构；*b*—逻辑符号

### 2.3.5　CMOS 逻辑门电路的系列及主要参数

#### 2.3.5.1　CMOS 逻辑门电路的系列

CMOS 逻辑门电路诞生于 20 世纪 60 年代末，经过制造工艺的不断改进，在应用的广度上已与 TTL 平分秋色，它的技术参数从总体上说，已经达到或接近 TTL 的水平，其中功耗、噪声容限、扇出系数等甚至优于 TTL。CMOS 逻辑门电路主要有以下几个系列。

（1）基本的 CMOS-4000 系列。这是早期的 CMOS 集成逻辑门产品，工作电源电压范围为 3～18V，由于具有功耗低、噪声容限大、扇出系数大等优点，已得到普遍使用。缺点是工作速度较低，平均传输延迟时间为几十纳秒，最高工作频率小于 5MHz。

（2）高速的 CMOS-HC（HCT）系列。该系列电路主要从制造工艺上作了改进，使其工作速度大大提高，平均传输延迟时间小于 10ns，最高工作频率可达 50MHz。HC 系列的电源电压范围为 2～6V。HCT 系列的主要特点是与 TTL 器件电压兼容，它的电源电压范围为 4.5～5.5V，它的输入电压参数为 $V_{IH(min)} = 2.0V$、$V_{IL(max)} = 0.8V$，与 TTL 完全相同。另外，74HC/HCT 系列与 74LS 系列的产品只要最后 3 位数字相同，则两种器件的逻辑功能、外形尺寸，引脚排列顺序也完全相同，这样就为以 CMOS 产品代替 TTL 产品提供了方便。

（3）先进的 CMOS-AC（ACT）系列。该系列的工作频率得到了进一步的提高，同时保持了 CMOS 超低功耗的特点。其中 ACT 系列与 TTL 器件电压兼容，电源电压范围为 4.5～5.5V。AC 系列的电源电压范围为 1.5～5.5V。AC（ACT）系列的逻辑功能、引脚排列顺序等都与同型号的 HC（HCT）系列完全相同。

### 2.3.5.2 CMOS 逻辑门电路的主要参数

CMOS 门电路主要参数的定义同 TTL 电路，下面来说明 CMOS 电路主要参数的特点。

（1）输出高电平 $V_{OH}$ 与输出低电平 $V_{OL}$。CMOS 门电路 $V_{OH}$ 的理论值为电源电压 $V_{DD}$，$V_{OH(min)} = 0.9V_{DD}$；$V_{OL}$ 的理论值为 0V，$V_{OL(max)} = 0.01V_{DD}$。所以 CMOS 门电路的逻辑摆幅（即高低电平之差）较大，接近电源电压 $V_{DD}$ 值。

（2）阈值电压 $V_{th}$。从 CMOS 非门电压传输特性曲线中看出，输出高低电平的过渡区很陡，阈值电压 $V_{th}$ 约为 $V_{DD}/2$。

（3）抗干扰容限。CMOS 非门的关门电平 $V_{OFF}$ 为 $0.45V_{DD}$，开门电平 $V_{ON}$ 为 $0.55V_{DD}$，因此，其高、低电平噪声容限均达 $0.45V_{DD}$。其他 CMOS 门电路的噪声容限一般也大于 $0.3V_{DD}$。电源电压 $V_{DD}$ 越大，其抗干扰能力越强。

（4）传输延迟与功耗。CMOS 电路的功耗很小，一般小于 1mW/门，但传输延迟较大，一般为几十纳秒，且与电源电压有关，电源电压越高，CMOS 电路的传输延迟越小，功耗越大。前面提到的 74HC 高速 CMOS 系列的工作速度已与 TTL 系列相当。

（5）扇出系数。因 CMOS 电路有极高的输入阻抗，故其扇出系数很大，一般额定扇出系数可达 50。但必须指出的是，扇出系数是指驱动 CMOS 电路的个数，若就灌电流负载能力和拉电流负载能力而言，CMOS 电路远远低于 TTL 电路。

# 2.4 门电路的接口

在集成电路的应用过程中，不可避免地会遇到不同类型的器件相互连接的问题。当各器件的逻辑电平互不一致、不能正确接收和传送信息时，就要考虑它们之间的连接问题，应使用必要的接口电路。两种不同类型的集成电路相互连接，驱动门必须要为负载门提供符合要求的高低电平和足够的输入电流，即要满足下列条件：

（1）驱动门的 $V_{OH(min)} \geqslant$ 负载门的 $V_{IH(min)}$；

（2）驱动门的 $V_{OL(max)} \leqslant$ 负载门的 $V_{IL(max)}$；

（3）驱动门的 $I_{OH(max)} \geqslant$ 负载门的 $I_{IH(总)}$；

（4）驱动门的 $I_{OL(max)} \geqslant$ 负载门的 $I_{IL(总)}$。

## 2.4.1 TTL 门驱动 CMOS 门

由于 TTL 门的 $I_{OH(max)}$ 和 $I_{OL(max)}$ 远远大于 CMOS 门的 $I_{IH}$ 和 $I_{IL}$，所以 TTL 门驱动 CMOS 门时，主要考虑 TTL 门的输出电平是否满足 CMOS 输入电平的要求。

若 CMOS 同 TTL 电源电压相同，都为 5V，则
两种门可直接连接。由于 TTL 门电路输出高电平典
型值为 3.4V，而 CMOS 电路的输入高电平要求高
于 3.5V，为解决此矛盾，可在 TTL 电路的输出端
和电源之间接一上拉电阻 $R_x$，如图 2-30 所示，$R_x$
的阻值取决于负载器件的数目及 TTL 和 CMOS 器件
的电流参数，一般在几百到几千欧，这样使 TTL 输
出极 $T_4$、$T_5$ 均截止，流过 $R_x$ 的电流极小，其输出
高电平可接近 $V_{CC}$。

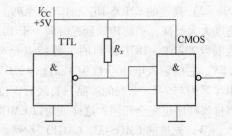

图 2-30　电源电压相同时
TTL 门驱动 CMOS 门

如果 CMOS 电源 $V_{DD}$ 高于 TTL 电路电源，则选用具有电平偏移功能的 CMOS 门（如
CC74HC109），其输入接受 TTL 电平，而输出 CMOS 电平，电路图如图 2-31 所示，或采用 TTL
（OC）门作为 CMOS 的驱动门，如图 2-32 所示。

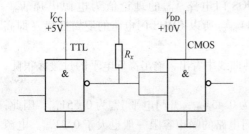

图 2-31　电源电压不同时 TTL 门
驱动 CMOS 门

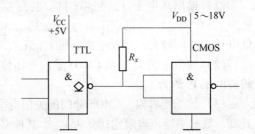

图 2-32　电源电压不同时 TTL（OC）门
驱动 CMOS 门

### 2.4.2　CMOS 门驱动 TTL 门

当 CMOS 电源电压与 TTL 门相同时，CMOS 与 TTL 门的逻辑电平相同，但 CMOS 门的驱动
能力不适应 TTL 门的要求，原因是 CMOS 门输出低电平时能承受的灌电流较小，而 CT74 系列
TTL 门的输入短路电流较大。这样用 CMOS 门驱动 TTL 门时，将不能保证 CMOS 输出符合规定
的低电平。为解决此问题，可采用 CMOS—TTL 电平转换器（CC74HC90、CC74HC50），电路
如图 2-33a 所示。

也可采用漏极开路的 CMOS 驱动器，如 CC74HC107，如图 2-33b 所示。它可以驱动 10 个

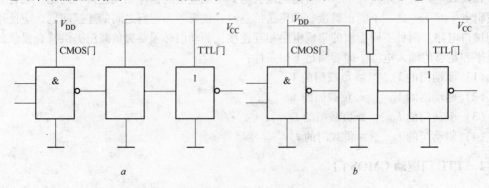

图 2-33　CMOS 门驱动 TTL 门
a—CC74HC50 驱动；b—CC74HC107 驱动

CT74 系列负载门。

此外，也可以将 CMOS 门经过一级晶体管开关驱动 TTL 负载门，其电路如图 2-34 所示。

### 2.4.3 TTL 和 CMOS 电路带负载时的接口问题

在工程实践中，常常需要用 TTL 或 CMOS 电路去驱动指示灯、发光二极管（LED）、继电器等负载。

对于电流较小、电平能够匹配的负载可以直接驱动，图 2-35a 所示为用 TTL 门电路驱动发光二极管（LED），这时只要在电路中串接一个约几百欧的限流

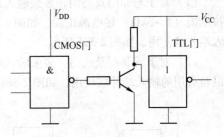

图 2-34 CMOS 门经过一级
晶体管开关驱动 TTL 门

电阻即可。图 2-35b 所示为用 TTL 门电路驱动 5V 低电流继电器，其中二极管 D 作保护，用以防止过电压。

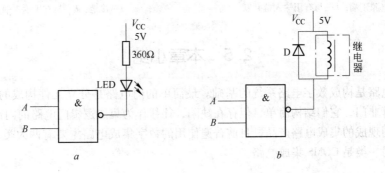

图 2-35 门电路带小电流负载
a—驱动发光二极管；b—驱动低电流继电器

如果负载电流较大，可将同一芯片上的多个门并联作为驱动器，如图 2-36a 所示。也可在门电路输出端接三极管，以提高负载能力，如图 2-36b 所示。

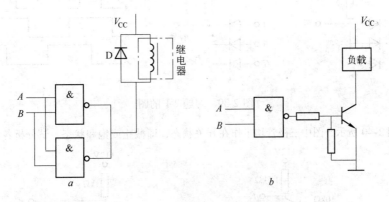

图 2-36 门电路带大电流负载
a—门电路并联使用；b—加驱动三极管

### 2.4.4 多余输入端的处理

多余输入端的处理应以不改变电路逻辑关系及稳定可靠为原则，通常采用下列方法。

（1）对于与非门及与门，多余输入端应接高电平，比如直接接电源正端，或通过一个上拉电阻（1~3kΩ）接电源正端，如图 2-37a 所示；在前级驱动能力允许时，也可以与有用的输入端并联使用，如图 2-37b 所示。

（2）对于或非门及或门，多余输入端应接低电平，比如直接接地，如图 2-38a 所示；也可以与有用的输入端并联使用，如图 2-38b 所示。

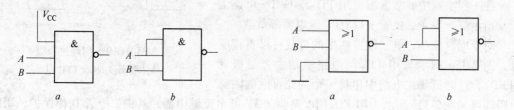

图 2-37　与非门多余输入端的处理
a—接电源正端；b—与有用输入端并联

图 2-38　或非门多余输入端的处理
a—接地；b—与有用输入端并联

## 2.5　本章小结

逻辑门电路是构成数字电路系统的基础。最简单的门电路是分立元件构成的二极管与门、或门和三极管非门，它们结构简单，但存在缺陷，往往作为集成逻辑门电路的内部单元。现在往往更多使用现成的集成电路产品，目前普遍使用的数字集成电路主要有两大类，一类是 TTL 集成电路；另一类是 COMS 集成电路。

### 习　　题

2-1　二极管门电路如图 2-39a、图 2-39b 所示，输入信号 A、B、C 的高电平为 3V，低电平为 0V，求输出电压。

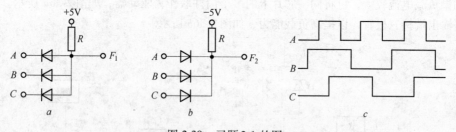

图 2-39　习题 2-1 的图

2-2　电路如图 2-40 所示，图中三极管均工作在开关状态，即截止或饱和状态，试分析各电路的逻辑功

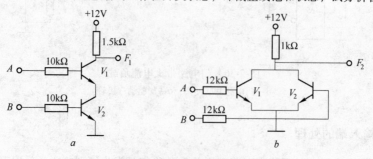

图 2-40　习题 2-2 的图

能，列出真值表，并导出逻辑函数的表达式。

2-3 如图 2-41 所示为由 N 沟道增强型 MOS 管构成的门电路（称为 NMOS 门电路），试分析各电路的逻辑功能，列出真值表，并导出逻辑函数的表达式。

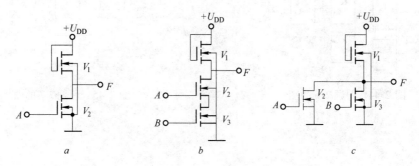

图 2-41　习题 2-3 的图

2-4 写出如图 2-42 所示各个电路输出信号的逻辑表达式，并对应 $A$、$B$ 的给定波形画出各个输出信号的波形。

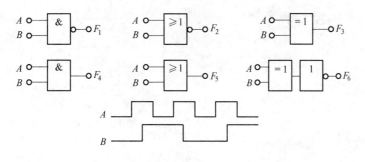

图 2-42　习题 2-4 的图

2-5 写出如图 2-43 所示各个电路输出信号的逻辑表达式，并对应 $A$、$B$、$C$ 的给定波形画出各个输出信号的波形。

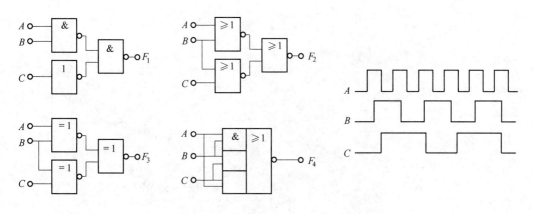

图 2-43　习题 2-5 的图

2-6 某逻辑函数的逻辑图如图 2-44 所示，试用其他 4 种方法表示该逻辑函数。

2-7 某逻辑函数的逻辑图如图 2-45 所示，试用其他 4 种方法表示该逻辑函数。

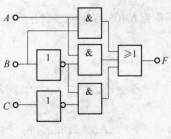

图 2-44　习题 2-6 的图

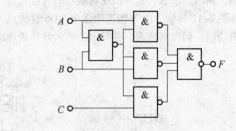

图 2-45　习题 2-7 的图

# 3 组合逻辑电路的分析与设计

数字电路按照结构特点不同分为两大类：组合逻辑电路（简称组合电路）和时序逻辑电路（简称时序电路）。本章主要介绍组合逻辑电路的分析和设计方法，并对组合逻辑电路中的竞争冒险现象问题作一些讨论。

## 3.1 组合逻辑电路概述

组合逻辑电路的应用十分广泛，它不但能独立完成各种功能复杂的逻辑运算，而且又是时序逻辑电路的组成部分，所以组合逻辑电路在逻辑设计中占有很重要的位置。

在数字系统中由三种基本逻辑运算（与、或、非）组合而成的逻辑函数，称为组合逻辑函数。组合逻辑函数的特点是，任何时刻函数的逻辑值唯一地由对应的输入逻辑变量的取值组合确定。因此，组合电路定义为：在任何时刻逻辑电路的输出值状态仅仅取决于这个时刻电路输入变量的取值组合，而与电路过去的输入状态无关，这样的逻辑电路就称作组合逻辑电路。

组合逻辑电路的一般结构如图 3-1 所示。

图 3-1　组合逻辑电路结构

图中，$X_1$、$X_2$、$X_3$、$\cdots$、$X_n$ 是电路的 $n$ 个输入信号，$F_0$、$F_1$、$F_2$、$\cdots$、$F_{m-1}$ 是电路的 $m$ 个输出信号。输出信号是输入信号的函数，表示为：

$$F_i = f_i(X_1, X_2, \cdots, X_n) \quad i = 0, 1, \cdots, m-1$$

从电路结构看，组合逻辑电路具有两个特点：

（1）没有记忆功能：由于组合逻辑电路的输出仅由当时的输入状态决定，所以它没有记忆功能。从电路的结构来说，组合逻辑电路仅仅是一些单元门电路的组成，而不包含任何具有记忆功能的单元电路。

（2）无反馈：没有任何反馈形式的电路存在，如在上面的方框图和表达式中，没有 $F_i$ 函数作为这个电路的输入变量。

## 3.2 组合逻辑电路的分析方法

逻辑电路分析的目的，就是对已有的电路用布尔代数的方法研究其工作特性和功能，从而得出它的逻辑功能。组合逻辑电路分析的任务就是要找出电路的输出变量和输入变量之间的逻辑关系，从而找出电路的逻辑功能。反之，已知逻辑功能和要求，用逻辑组合来实现的过程称为逻辑电路的设计。

### 3.2.1 组合逻辑电路的一般分析方法及步骤

组合逻辑电路是逻辑电路，所以对其分析时可从电路的任何部分开始，逐级进行，找出每级之间的输入、输出之间的逻辑关系，具体步骤为：

（1）根据给出的组合逻辑电路图写出逻辑函数表达式。为了确保写出的逻辑表达式正确无误，一般是在认清电路中所有逻辑器件和相互连线的基础上，从输入端开始往输出端逐级推导，直至得到所有与输入变量相关的输出函数表达式为止。

（2）化简输出函数表达式。根据给定逻辑电路写出的输出函数表达式不一定是最简表达式，为了简单、清晰地反映输入与输出之间的逻辑关系，应对逻辑表达式进行化简。此外，描述一个电路功能的逻辑表达式是否达到最简，是评价该电路经济技术指标是否良好的依据。

（3）列出输出函数真值表。根据输出函数最简表达式，列出输出函数真值表。真值表详尽地给出了输入与输出取值的关系，它通过逻辑值直观地描述了电路的逻辑功能。

（4）功能评价。根据真值表和化简后的函数表达式，概括出对电路逻辑功能的文字描述，并对原电路的设计方案进行评价，必要时提出改进意见和改进方案。

以上分析步骤是就一般情况而言的，实际应用中可根据问题的复杂程度和具体要求对上述步骤进行适当取舍。综上所述，可以概括出组合逻辑电路的一般分析过程示意图，如图 3-2 所示。

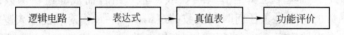

图 3-2　组合逻辑电路分析过程示意图

### 3.2.2　组合逻辑电路分析示例

[例 3-1]　分析图 3-3a 所示组合逻辑电路。

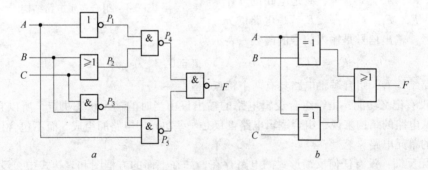

图 3-3　逻辑电路

**解：**（1）根据逻辑电路图写出输出函数表达式。

根据电路中各逻辑门的功能，从输入端开始逐级写出函数表达式如下：

$$P_1 = \overline{A} \qquad\qquad P_2 = B + C$$

$$P_3 = \overline{BC} \qquad\qquad P_4 = \overline{P_1 \cdot P_2}$$

$$P_5 = \overline{A \cdot P_3} = \overline{A\,\overline{BC}} \qquad\qquad F = \overline{P_4 \cdot P_5} = \overline{\overline{A(B+C)} \cdot \overline{A\,\overline{BC}}}$$

（2）化简输出函数表达式。

用代数法对输出函数 $F$ 的表达式化简如下：

$$F = \overline{\overline{P_4 \cdot P_5}} = \overline{\overline{A(B + C)} \cdot \overline{A \overline{BC}}}$$

$$= \overline{A}(B + C) + A \overline{BC}$$

$$= \overline{A}B + \overline{A}C + A\overline{B} + A\overline{C}$$

$$= A \oplus B + A \oplus C$$

（3）根据化简后的函数表达式列出真值表。

该函数的真值表如表 3-1 所示。

**表 3-1 真值表**

| A | B | C | F | A | B | C | F |
|---|---|---|---|---|---|---|---|
| 0 | 0 | 0 | 0 | 1 | 0 | 0 | 1 |
| 0 | 0 | 1 | 1 | 1 | 0 | 1 | 1 |
| 0 | 1 | 0 | 1 | 1 | 1 | 0 | 1 |
| 0 | 1 | 1 | 1 | 1 | 1 | 1 | 0 |

（4）功能评述。

由真值表可知，该电路仅当 $A$、$B$、$C$ 取值同为 0 或同为 1 时输出 $F$ 的值为 0，其他情况下输出 $F$ 均为 1。换句话说，当输入取值一致时输出为 0，不一致时输出为 1，可见，该电路具有检查输入信号是否一致的逻辑功能，一旦输出为 1，则表明输入不一致。因此，通常称该电路为"不一致电路"。

在某些可靠性要求非常高的系统中，往往是几套设备同时工作，一旦运行结果不一致，便由"不一致电路"发出报警信号，通知操作人员排除故障，以确保系统的可靠性。其次，由分析可知，该电路的设计方案并不是最简的。根据化简后的输出函数表达式可采用异或门和或门画出实现给定功能的逻辑电路图，如图 3-3b 所示。显然，它比原电路简单、清晰。

[**例 3-2**] 电路的输入输出波形如图 3-4 所示，分析其逻辑功能。

**解：**根据波形图列出电路的真值表，如表 3-2 所示。

（1）根据真值表写出电路的输出表达式：

$$X = \overline{A}\,\overline{B}C + \overline{A}B\overline{C} + A\overline{B}\,\overline{C} + ABC$$

$$Y = \overline{A}BC + A\overline{B}C + AB\overline{C} + ABC$$

（2）功能描述：一位全加器，$A$、$B$ 为加数和被加数，$C$ 是低位的进位，$X$ 是本位和，$Y$ 是向高位的进位。

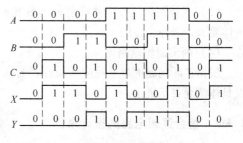

图 3-4 波形图

**表 3-2 真值表**

| A | B | C | X | Y | A | B | C | X | Y |
|---|---|---|---|---|---|---|---|---|---|
| 0 | 0 | 0 | 0 | 0 | 1 | 0 | 0 | 1 | 0 |
| 0 | 0 | 1 | 1 | 0 | 1 | 0 | 1 | 0 | 1 |
| 0 | 1 | 0 | 1 | 0 | 1 | 1 | 0 | 0 | 1 |
| 0 | 1 | 1 | 0 | 1 | 1 | 1 | 1 | 1 | 1 |

因此，组合逻辑电路分析的任务是已知电路求其逻辑功能。逻辑电路可以以多种形式给出，如逻辑图、波形图及真值表；逻辑功能指的是输入输出之间的逻辑关系或者输出的特点，多以自然语言描述。这类问题的解决有赖于对逻辑问题各种描述方法之间转换关系的深入理解和熟练掌握。

# 3.3　组合逻辑电路的设计方法

根据要求完成的逻辑功能，求出在特定条件下实现给定功能的逻辑电路，称为逻辑设计，又叫做逻辑综合，组合逻辑电路的分析和设计是互逆的过程，如图 3-5 所示。

图 3-5　组合逻辑电路分析与设计过程的关系

## 3.3.1　组合逻辑电路设计方法概述

由于实际应用中提出的各种设计要求一般是用文字形式描述的，所以，逻辑设计的首要任务是将文字描述的设计要求抽象为一种逻辑关系。对于组合逻辑电路，即抽象出描述问题的逻辑表达式。设计的一般过程为：

（1）建立给定问题的逻辑描述。这一步的关键是弄清楚电路的输入和输出，建立输入和输出之间的逻辑关系，得到描述给定问题的逻辑表达式。求逻辑表达式有两种常用方法，即真值表法和分析法。

（2）求出逻辑函数的最简表达式。为了使逻辑电路中包含的逻辑门最少且连线最少，要对逻辑表达式进行化简，求出描述设计问题的最简表达式。

（3）选择逻辑门类型并将逻辑函数变换成相应形式。根据简化后的逻辑表达式及问题的具体要求，选择合适的逻辑门，并将逻辑表达式变换成与所选逻辑门对应的形式。

（4）画出逻辑电路图。

根据实际问题的难易程度和设计者的熟练程度，有时可跳过其中的某些步骤。设计过程可视具体情况灵活决定。

## 3.3.2　组合逻辑电路的设计举例

[例 3-3]　设计一个三变量"多数表决电路"。

**解：** 分析："多数表决电路"是按照少数服从多数的原则对某项决议进行表决，确定是否通过。令逻辑变量 $A$、$B$、$C$ 分别代表参加表决的 3 个成员，并约定逻辑变量取值为 0 表示反对，取值为 1 表示赞成；逻辑函数 $F$ 表示表决结果。$F$ 取值为 0 表示决议被否定，$F$ 取值为 1 表示决议通过。按照少数服从多数的原则可知，函数和变量的关系是：当 3 个变量 $A$、$B$、$C$ 中有 2 个或 2 个以上取值为 1 时，函数 $F$ 的值为 1，其他情况下函数 $F$ 的值为 0。

（1）建立给定问题的逻辑描述。

假定采用"真值表法"，可作出真值表如表 3-3 所示。由真值表可写出函数 $F$ 的最小项表达式为：

$$F(A,B,C) = \Sigma m(3,5,6,7)$$

表 3-3　例 3-3 真值表

| $A$ | $B$ | $C$ | $F$ | $A$ | $B$ | $C$ | $F$ |
|---|---|---|---|---|---|---|---|
| 0 | 0 | 0 | 0 | 1 | 0 | 0 | 0 |
| 0 | 0 | 1 | 0 | 1 | 0 | 1 | 1 |
| 0 | 1 | 0 | 0 | 1 | 1 | 0 | 1 |
| 0 | 1 | 1 | 1 | 1 | 1 | 1 | 1 |

（2）求出逻辑函数的最简表达式。

作出函数 $F(A,B,C) = \Sigma m(3,5,6,7)$ 的卡诺图如图 3-6 所示。

用卡诺图化简后得到函数的最简"与或"表达式为：

$$F(A,B,C) = AB + AC + BC$$

（3）选择逻辑门类型并进行逻辑函数变换。

假定采用与非门构成实现给定功能的电路，则应将上述表达式变换成"与非—与非"表达式。即：

$$F(A,B,C) = \overline{\overline{AB + AC + BC}} = \overline{\overline{AB} \cdot \overline{AC} \cdot \overline{BC}}$$

（4）画出逻辑电路图。

由函数的"与非—与非"表达式可画出实现给定功能的逻辑电路图，如图 3-7 所示。

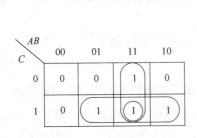

图 3-6　例 3-3 卡诺图

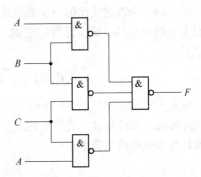

图 3-7　例 3-3 逻辑电路图

本例采用的是"真值表法"，真值表法的优点是规整、清晰；缺点是不方便，尤其当变量较多时十分麻烦。

[**例 3-4**]　设计一个组合逻辑电路，用于判别以余 3 码表示的 1 位十进制数是否为合数。

**解：**设输入变量为 $A$、$B$、$C$、$D$，输出函数为 $F$，当 $A$、$B$、$C$、$D$ 表示的十进制数为合数（4、6、8、9）时，输出 $F$ 为 1，否则 $F$ 为 0。因为按照余 3 码的编码规则，$A$、$B$、$C$、$D$ 的取值组合不允许为 0000、0001、0010、1101、1110、1111，故该问题为包含无关条件的逻辑问题，与上述 6 种取值组合对应的最小项为无关项，即在这些取值组合下输出函数 $F$ 的值可以随意指定为 1 或者为 0，通常记为"$d$"。

根据分析，可建立描述该问题的真值表如表 3-4 所示。

表 3-4　例 3-4 真值表

| A | B | C | D | F | A | B | C | D | F |
|---|---|---|---|---|---|---|---|---|---|
| 0 | 0 | 0 | 0 | d | 1 | 0 | 0 | 0 | 0 |
| 0 | 0 | 0 | 1 | d | 1 | 0 | 0 | 1 | 1 |
| 0 | 0 | 1 | 0 | d | 1 | 0 | 1 | 0 | 0 |
| 0 | 0 | 1 | 1 | 0 | 1 | 0 | 1 | 1 | 1 |
| 0 | 1 | 0 | 0 | 0 | 1 | 1 | 0 | 0 | 1 |
| 0 | 1 | 0 | 1 | 0 | 1 | 1 | 0 | 1 | d |
| 0 | 1 | 1 | 0 | 0 | 1 | 1 | 1 | 0 | d |
| 0 | 1 | 1 | 1 | 1 | 1 | 1 | 1 | 1 | d |

由真值表可写出 $F$ 的逻辑表达式为：

$$F(A,B,C,D) = \Sigma m(7,9,11,12) + \Sigma d(0,1,2,13,14,15)$$

若不考虑无关项，则函数 $F$ 的卡诺图如图 3-8a 所示，合并卡诺图上的 1 方格，可得到化简后的逻辑表达式为：

$$F(A,B,C,D) = A\bar{B}D + AB\bar{C} \cdot \bar{D} + \bar{A}BCD$$

若考虑无关项，则函数 $F$ 的卡诺图如图 3-8b 所示。根据合并的需要将卡诺图中的无关项 $d$（13，14，15）当成 1 处理，而把 $d$（0，1，2）当成 0 处理，可得到化简后的逻辑表达式为：

$$F(A,B,C,D) = AB + AD + BCD$$

显然，后一个表达式比前一个表达式更简单。

假定采用与非门组成实现给定逻辑功能的电路，可将 $F$ 的最简表达式变换成"与非—与非"表达式：

$$F(A,B,C,D) = \overline{\overline{AB + AD + BCD}} = \overline{\overline{AB} \cdot \overline{AD} \cdot \overline{BCD}}$$

相应的逻辑电路图如图 3-9 所示。

由此可见，设计包含无关条件的组合逻辑电路时，恰当地利用无关项进行函数化简，通常可使设计出来的电路更简单。

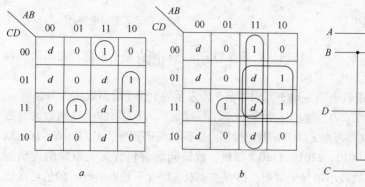

图 3-8　例 3-4 卡诺图
a—化简方法一；b—化简方法二

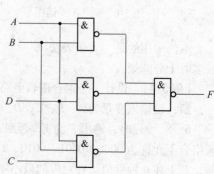

图 3-9　例 3-4 逻辑电路图

# 3.4 常用中规模集成电路

### 3.4.1 编码器

在数字系统中，常常需要将具有特定意义的信息，如数字或字符，编成相应的若干位进制代码，这一过程称为编码。实现编码的电路称为编码器（encoder）。编码器按照被编信号的特点和要求，有各种不同的类型，最常见的有二—十进制编码器和优先编码器。

#### 3.4.1.1 二—十进制编码器

能将十进制数的十个数字 0、1、2、3、4、5、6、7、8、9 编成二进制代码的电路，叫做二—十进制编码器。其输入是 0~9 十个数字，输出二—十进制码，简称 BCD（binary—coded—decimal）码。根据 $2^n > N = 10$，一般取 $n = 4$。四位二进制代码共有 16 种组合，取其中任何 10 种均可表示 0~9 十个输入信号。最常见的有 8421 码编码器，图 3-10 所示的是按键式 8421 码编码器的逻辑电路，图中 $S_0 \sim S_9$ 代表 10 个按键，同时作为输入逻辑变量（输入低电平有效），$A$、$B$、$C$、$D$ 为代码输出（$A$ 为最高位）。当按下某一按键，如按下 $S_3$ 时，则 $S_3 = 0$，其余均为 1，这时 $ABCD = 0011$。同理当按下不同按键时，便得到相应的输出代码。由此可列出按键式 8421 码编码器的真值表，如表 3-5 所示。

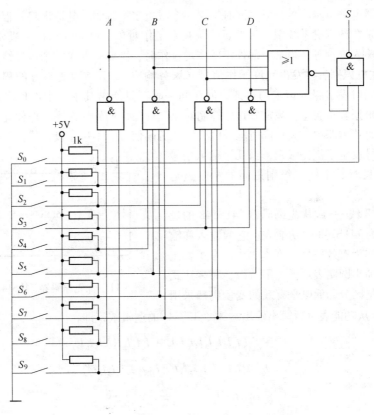

图 3-10 按键式 8421 码编码器原理电路

**表 3-5　8421 编码器真值表**

| 输　入 | | | | | | | | | | 输　出 | | | | |
| --- | --- | --- | --- | --- | --- | --- | --- | --- | --- | --- | --- | --- | --- | --- |
| $S_9$ | $S_8$ | $S_7$ | $S_6$ | $S_5$ | $S_4$ | $S_3$ | $S_2$ | $S_1$ | $S_0$ | $A$ | $B$ | $C$ | $D$ | $S$ |
| 1 | 1 | 1 | 1 | 1 | 1 | 1 | 1 | 1 | 1 | 0 | 0 | 0 | 0 | 0 |
| 1 | 1 | 1 | 1 | 1 | 1 | 1 | 1 | 1 | 0 | 0 | 0 | 0 | 0 | 1 |
| 1 | 1 | 1 | 1 | 1 | 1 | 1 | 1 | 0 | 1 | 0 | 0 | 0 | 1 | 1 |
| 1 | 1 | 1 | 1 | 1 | 1 | 1 | 0 | 1 | 1 | 0 | 0 | 1 | 0 | 1 |
| 1 | 1 | 1 | 1 | 1 | 1 | 0 | 1 | 1 | 1 | 0 | 0 | 1 | 1 | 1 |
| 1 | 1 | 1 | 1 | 1 | 0 | 1 | 1 | 1 | 1 | 0 | 1 | 0 | 0 | 1 |
| 1 | 1 | 1 | 1 | 0 | 1 | 1 | 1 | 1 | 1 | 0 | 1 | 0 | 1 | 1 |
| 1 | 1 | 1 | 0 | 1 | 1 | 1 | 1 | 1 | 1 | 0 | 1 | 1 | 0 | 1 |
| 1 | 1 | 0 | 1 | 1 | 1 | 1 | 1 | 1 | 1 | 0 | 1 | 1 | 1 | 1 |
| 1 | 0 | 1 | 1 | 1 | 1 | 1 | 1 | 1 | 1 | 1 | 0 | 0 | 0 | 1 |
| 0 | 1 | 1 | 1 | 1 | 1 | 1 | 1 | 1 | 1 | 1 | 0 | 0 | 1 | 1 |

　　由表 3-5 可见，不论是否按下 $S_0$ 键，$ABCD$ 都为 0，为了区分 $S_0$ 键是否被按下，设置了 $S$ 输出端，称为控制使用标志。当按下 $S_0 \sim S_9$ 中任一按键时，$S$ 均为 1，而不按键时，$S$ 为 0。这样可以利用控制使用标志 $S$ 的高、低电平来判断按键是否被按下。

### 3.4.1.2　优先编码器

　　普通编码器电路虽然简单，但当同时按下两个或更多个键时，其输出将是混乱的。在数字系统中，特别是在计算机系统中，常常要控制几个工作对象，例如计算机主机要控制打印机、磁盘驱动器、输入键盘等。当某个部件需要实现操作时，需要先发送一个信号给主机（称为服务请求），经主机识别后再发出允许操作信号（服务响应），并按事先编好的程序工作。这里会有几个部件同时发出服务请求的可能，但在同一时刻只能给其中一个部件发出允许操作信号。因此必须根据轻重缓急，规定好这些控制对象允许操作的先后次序，即优先级别。

　　在优先编码器电路中，允许同时输入两个以上编码信号。不过在设计优先编码器时已经将所有的输入信号设定了优先级别，当几个输入信号同时出现时，只对其中优先级别最高的一个进行编码。

　　图 3-11 为 8 线—3 线优先编码器 74LS148 的逻辑图，表 3-6 为 74LS148 的功能表，它的输入和输出均以低电平作为有效信号（在本书中，在逻辑图的输入输出端加小圆圈表示低电平有效，写表达式时，为与反变量区分，低电平有效的变量仍然采用原变量表示）。从功能表可以写出输出端 $A_0$、$A_1$、$A_2$ 的逻辑式，即：

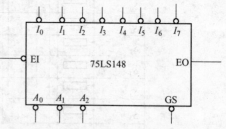

图 3-11　优先编码器 74LS148 的逻辑图

$$A_2 = E_1 + \overline{E_1}(I_0I_1I_2I_3I_4I_5I_6I_7 + \overline{I_0}I_1I_2I_3I_4I_5I_6I_7 +$$

$$\overline{I_1}I_2I_3I_4I_5I_6I_7 + \overline{I_2}I_3I_4I_5I_6I_7 + \overline{I_3}I_4I_5I_6I_7)$$

$$= E_1 + \overline{E_1}I_4I_5I_6I_7$$

$$= E_1 + I_4I_5I_6I_7$$

$$= \overline{\overline{E_1 + I_4 I_5 I_6 I_7}}$$

$$= \overline{\overline{E_1} \cdot \overline{I_4 I_5 I_6 I_7}}$$

$$= \overline{\overline{E_1}(\overline{I_4} + \overline{I_5} + \overline{I_6} + \overline{I_7})}$$

$$= \overline{\overline{E_1}\overline{I_4} + \overline{E_1}\overline{I_5} + \overline{E_1}\overline{I_6} + \overline{E_1}\overline{I_7}}$$

$$A_1 = \overline{\overline{E_1}\,\overline{I_2 I_4}I_5 + \overline{E_1}\,\overline{I_3 I_4}I_5 + \overline{E_1}\,\overline{I_6} + \overline{E_1}\,\overline{I_7}}$$

$$A_0 = \overline{\overline{E_1}\,\overline{I_1 I_2 I_4}I_6 + \overline{E_1}\,\overline{I_3 I_4}I_6 + \overline{E_1}\,\overline{I_5}I_6 + \overline{E_1}\,\overline{I_7}}$$

**表 3-6    74LS148 的功能表**

| 输　　入 | | | | | | | | | 输　　出 | | | | |
|---|---|---|---|---|---|---|---|---|---|---|---|---|---|
| $E_I$ | $I_0$ | $I_1$ | $I_2$ | $I_3$ | $I_4$ | $I_5$ | $I_6$ | $I_7$ | $A_2$ | $A_1$ | $A_0$ | $E_0$ | $GS$ |
| 1 | × | × | × | × | × | × | × | × | 1 | 1 | 1 | 1 | 1 |
| 0 | 1 | 1 | 1 | 1 | 1 | 1 | 1 | 1 | 1 | 1 | 1 | 0 | 1 |
| 0 | × | × | × | × | × | × | × | 0 | 0 | 0 | 0 | 1 | 0 |
| 0 | × | × | × | × | × | × | 0 | 1 | 0 | 0 | 1 | 1 | 0 |
| 0 | × | × | × | × | × | 0 | 1 | 1 | 0 | 1 | 0 | 1 | 0 |
| 0 | × | × | × | × | 0 | 1 | 1 | 1 | 0 | 1 | 1 | 1 | 0 |
| 0 | × | × | × | 0 | 1 | 1 | 1 | 1 | 1 | 0 | 0 | 1 | 0 |
| 0 | × | × | 0 | 1 | 1 | 1 | 1 | 1 | 1 | 0 | 1 | 1 | 0 |
| 0 | × | 0 | 1 | 1 | 1 | 1 | 1 | 1 | 1 | 1 | 0 | 1 | 0 |
| 0 | 0 | 1 | 1 | 1 | 1 | 1 | 1 | 1 | 1 | 1 | 1 | 1 | 0 |

　　为了扩展电路的功能和增加使用的灵活性，在 74LS148 的逻辑电路中附加了控制电路。其中 EI 为输入使能标志端，只有 $E_I = 0$ 的条件下，编码器才能正常工作。而在 $E_I = 1$ 时，所有的输出端均被封锁在高电平。

　　EO 为输出使能标志端，GS 为工作状态标志端，由功能表可知：

$$\overline{E_O} = \overline{E_1}I_0 I_1 I_2 I_3 I_4 I_5 I_6 I_7$$

$$E_O = \overline{\overline{E_1}I_0 I_1 I_2 I_3 I_4 I_5 I_6 I_7}$$

　　上式表明，只有当所有的编码输入端都是高电平（即没有编码输入），而且 GS = 1 时，$E_O$ 才是低电平。因此，$E_O$ 为低电平时表示"电路工作，但无编码输入"。

$$GS = E_1 + \overline{E_1}I_0 I_1 I_2 I_3 I_4 I_5 I_6 I_7$$

$$= E_1 + \overline{E_O} = \overline{\overline{E_1} \cdot E_O}$$

　　这说明只要有任何一个编码输入端有低电平信号输入，且 $E_O = 1$，GS 即为低电平。因此，GS 为低电平时表示"电路工作，而且有编码输入"。

　　由表 3-6 中不难看出，在 $E_I = 0$ 时，电路处于正常工作状态，允许 $I_0 \sim I_7$ 当中同时有几个输入端为低电平，即有编码输入信号。$I_7$ 的优先权最高，$I_0$ 的优先权最低。当 $I_7 = 0$ 时，无论其他输入端有无输入信号（表中以 × 表示），输出端只给出 $I_7$ 的编码，即 $A_2 A_1 A_0 = 000$。当 $I_7 = 1$，$I_6 = 0$ 时，无论其余输入端有无输入信号，只对 $I_6$ 编码，输出为 $A_2 A_1 A_0 = 001$。其余的输入状态请读者自行分析。

表中出现的"$A_2A_1A_0 = 111$"3 种情况可以用 EO 和 GS 的不同状态加以区分。

### 3.4.2　译码器、数据分配器

实现译码功能的电路称作译码器，其作用是将一组输入代码翻译成需要的特定输出信号。在数字系统中，处理的是二进制代码，而人们生活中习惯用十进制，所以经常需要将二进制翻译成十进制数字或字符，并直接显示出来。将二进制翻译成十进制的译码器称为二—十进制译码器；用于显示的译码器称为显示译码器。这两类译码器在各种数字仪表中广泛使用。在计算机中普遍使用的地址译码器、指令译码器，都属于二进制译码器。

#### 3.4.2.1　二进制译码器

图 3-12 是一个 3 输入、8 输出的译码器电路，称为 3 线—8 线译码器，简称 3—8 译码器，其真值表如表 3-7 所示。

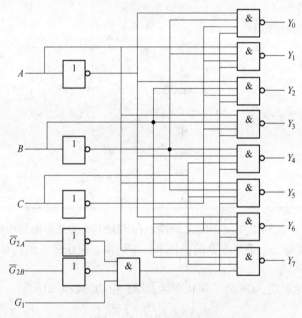

图 3-12　3 线—8 线译码器电路

**表 3-7　3—8 译码器（74138）电路真值表**

| 输入 | | | | | | 输出 | | | | | | | |
|---|---|---|---|---|---|---|---|---|---|---|---|---|---|
| $G_1$ | $G_{2A}$ | $G_{2B}$ | $C$ | $B$ | $A$ | $Y_0$ | $Y_1$ | $Y_2$ | $Y_3$ | $Y_4$ | $Y_5$ | $Y_6$ | $Y_7$ |
| L | × | × | × | × | × | H | H | H | H | H | H | H | H |
| × | H | × | × | × | × | H | H | H | H | H | H | H | H |
| × | × | H | × | × | × | H | H | H | H | H | H | H | H |
| H | L | L | L | L | L | L | H | H | H | H | H | H | H |
| H | L | L | L | L | H | H | L | H | H | H | H | H | H |
| H | L | L | L | H | L | H | H | L | H | H | H | H | H |
| H | L | L | L | H | H | H | H | H | L | H | H | H | H |
| H | L | L | H | L | L | H | H | H | H | L | H | H | H |
| H | L | L | H | L | H | H | H | H | H | H | L | H | H |
| H | L | L | H | H | L | H | H | H | H | H | H | L | H |
| H | L | L | H | H | H | H | H | H | H | H | H | H | L |

从真值表可以看出：

（1）译码器有 3 个输入使能端 $G_1$、$G_{2A}$、$G_{2B}$，只有当 $G_1$ 输入高电平，且 $G_{2A}$ 和 $G_{2B}$ 输入低电平时，译码器才处于工作状态。

（2）译码器有 3 个输入端 $A$、$B$、$C$，输入信号共有 8 种组合，该译码器可以译出 8 个输出信号 $Y_0 \sim Y_7$，因此称该译码器为 3 线—8 线译码器。

（3）输出信号的有效电平是低电平。

根据真值表不难推出该译码器的各输出端的逻辑表达式如下：

$$Y_0 = \overline{G_1 \overline{G_{2A}} \overline{G_{2B}} \overline{C}\ \overline{B}\ \overline{A}} \qquad\qquad Y_1 = \overline{G_1 \overline{G_{2A}} \overline{G_{2B}} \overline{C}\ \overline{B}A}$$

$$Y_2 = \overline{G_1 \overline{G_{2A}} \overline{G_{2B}} \overline{C}B\overline{A}} \qquad\qquad Y_3 = \overline{G_1 \overline{G_{2A}} \overline{G_{2B}} \overline{C}BA}$$

$$Y_4 = \overline{G_1 \overline{G_{2A}} \overline{G_{2B}} C\overline{B}\ \overline{A}} \qquad\qquad Y_5 = \overline{G_1 \overline{G_{2A}} \overline{G_{2B}} C\overline{B}A}$$

$$Y_6 = \overline{G_1 \overline{G_{2A}} \overline{G_{2B}} CB\overline{A}} \qquad\qquad Y_7 = \overline{G_1 \overline{G_{2A}} \overline{G_{2B}} CBA}$$

从逻辑表达式可以看出，3—8 译码器可以产生 3 变量函数的所有最小项，每个输出端和一个最小项相对应。

二进制译码器在计算机中经常用于地址译码。除了上面介绍的 3—8 译码器之外，还有 2—4 译码器、4—16 译码器等，都属于二进制译码器。

### 3.4.2.2　二—十进制译码器

将 4 位二—十进制代码翻译成一位十进制数字的电路就是二—十进制译码器，又称为 BCD 二—十进制译码器，表 3-8 是典型的 BCD 二—十进制译码器功能表。

表 3-8　二—十进制译码器功能表

| 十进制数 | 输入 | | | | 输出 | | | | | | | | | |
|---|---|---|---|---|---|---|---|---|---|---|---|---|---|---|
| | $A_3$ | $A_2$ | $A_1$ | $A_0$ | $\overline{Y_0}$ | $\overline{Y_1}$ | $\overline{Y_2}$ | $\overline{Y_3}$ | $\overline{Y_4}$ | $\overline{Y_5}$ | $\overline{Y_6}$ | $\overline{Y_7}$ | $\overline{Y_8}$ | $\overline{Y_9}$ |
| 0 | 0 | 0 | 0 | 0 | 0 | 1 | 1 | 1 | 1 | 1 | 1 | 1 | 1 | 1 |
| 1 | 0 | 0 | 0 | 1 | 1 | 0 | 1 | 1 | 1 | 1 | 1 | 1 | 1 | 1 |
| 2 | 0 | 0 | 1 | 0 | 1 | 1 | 0 | 1 | 1 | 1 | 1 | 1 | 1 | 1 |
| 3 | 0 | 0 | 1 | 1 | 1 | 1 | 1 | 0 | 1 | 1 | 1 | 1 | 1 | 1 |
| 4 | 0 | 1 | 0 | 0 | 1 | 1 | 1 | 1 | 0 | 1 | 1 | 1 | 1 | 1 |
| 5 | 0 | 1 | 0 | 1 | 1 | 1 | 1 | 1 | 1 | 0 | 1 | 1 | 1 | 1 |
| 6 | 0 | 1 | 1 | 0 | 1 | 1 | 1 | 1 | 1 | 1 | 0 | 1 | 1 | 1 |
| 7 | 0 | 1 | 1 | 1 | 1 | 1 | 1 | 1 | 1 | 1 | 1 | 0 | 1 | 1 |
| 8 | 1 | 0 | 0 | 0 | 1 | 1 | 1 | 1 | 1 | 1 | 1 | 1 | 0 | 1 |
| 9 | 1 | 0 | 0 | 1 | 1 | 1 | 1 | 1 | 1 | 1 | 1 | 1 | 1 | 0 |
| 无效 | 1 | 0 | 1 | 0 | 1 | 1 | 1 | 1 | 1 | 1 | 1 | 1 | 1 | 1 |
| | 1 | 0 | 1 | 1 | 1 | 1 | 1 | 1 | 1 | 1 | 1 | 1 | 1 | 1 |
| | 1 | 1 | 0 | 0 | 1 | 1 | 1 | 1 | 1 | 1 | 1 | 1 | 1 | 1 |
| | 1 | 1 | 0 | 1 | 1 | 1 | 1 | 1 | 1 | 1 | 1 | 1 | 1 | 1 |
| | 1 | 1 | 1 | 0 | 1 | 1 | 1 | 1 | 1 | 1 | 1 | 1 | 1 | 1 |
| | 1 | 1 | 1 | 1 | 1 | 1 | 1 | 1 | 1 | 1 | 1 | 1 | 1 | 1 |

由表 3-8 可见，二—十进制译码器有 4 个输入端 $A_3$、$A_2$、$A_1$、$A_0$，按 8421BCD 编码输入数据。有 10 个输出端 $\overline{Y_0}$ ~ $\overline{Y_9}$，分别与十进制数 0 ~ 9 相对应，低电平有效。对于某个 8421BCD 码的输入，相应的输出端为低电平，其他输出端为高电平。例如：当输入端输入 0000 时，代表十进制数 0，输出 $\overline{Y_0}$ 有效；当输入端输入 0001 时，代表十进制数 1，输出 $\overline{Y_1}$ 有效，以此类推。当输入的二进制数超过 BCD 码时，所有输出端都输出高电平，处于无效状态。二—十进制编码器的实现电路在这里不再介绍了。常用的集成二—十进制译码器有 74LS42 等。

### 3.4.2.3　显示译码器

大多数的数字系统需要利用数字显示电路将数字量直观地显示出来，以方便读取测量结果和监视系统的运行状况。数字显示电路通常由译码器、驱动器和显示器件构成。下面分别介绍显示器件和显示译码器 74LS48。

（1）显示器件。常用的数字显示器件包括半导体数码管（LED）、辉光数码管、荧光数码管和液晶显示器（LCD）等。LED 因其体积小、功耗低、配置灵活和价格低廉而在数字系统中得到广泛的应用。

数码的显示方式一般有分段式、字形重叠式和点阵式三种，其中以分段式应用最为广泛。图 3-13 所示为七段式 LED 数码管 BS201A 的示意图和等效电路图，从图中可以看出 7 段式 LED 数码管是由 7 个条状发光二极管封装在一起构成的，利用 7 个发光段的不同组合显示 0 ~ 9 等阿拉伯数字，比如在 $a$、$b$、$c$ 上加高电平就可以显示出数字 7。

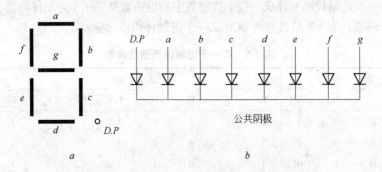

图 3-13　BS201A 的示意图和等效电路图
$a$—示意图；$b$—等效电路图

（2）显示译码器。为了能使数码管显示出二进制代码所表示的数字，必须先将代码译出，再通过驱动器件点亮数码管对应的段。比如，8421BCD 码的 0101 状态对应的十进制数为 5，为了能使 BS201A 显示出数字 5，则必须在 $a$、$f$、$g$、$c$、$d$ 段施加高电平。下面以 74LS48 为例介绍 7 段显示译码器的功能和应用。74LS48 显示译码器的输出有效电平为高电平，可以用来驱动共阴极显示器。表 3-9 所示为 74LS48 的功能表。

译码器有 3 个辅助控制端，其功能简单介绍如下：

1）试灯输入 $LT$。当 $LT = 0$ 时，无论其他输入端是何电平，输出 $a$ ~ $g$ 均为低电平，此时显示字形 "8"，该端通常用于测试译码器本身和显示器件的好坏。

2）动态灭零输入 $RBI$。当 $LT = 1$，$RBI = 0$ 且输入代码 $DCBA = 0000$ 时，输出 $a$ ~ $g$ 均为低电平，此时和 $BCD$ 对应的字形 "0" 熄灭，而对于其他的代码输入，数码管仍正常显示。$RBI$ 的这一功能可以用来熄灭一些不必显示的零位。

**表 3-9　74LS48 的功能表**

| 功能 | 输入 | | | | | | BI/RBO | 输出 | | | | | | | 字型 |
|---|---|---|---|---|---|---|---|---|---|---|---|---|---|---|---|
| | LT | RBI | D | C | B | A | | a | b | c | d | e | f | g | |
| 0 | H | H | L | L | L | L | H | H | H | H | H | H | H | L | 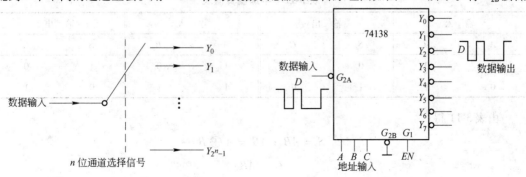 |
| 1 | H | × | L | L | L | H | H | L | H | H | L | L | L | L | |
| 2 | H | × | L | L | H | L | H | H | H | L | H | H | L | H | |
| 3 | H | × | L | L | H | H | H | H | H | H | H | L | L | H | |
| 4 | H | × | L | H | L | L | H | L | H | H | L | L | H | H | |
| 5 | H | × | L | H | L | H | H | H | L | H | H | L | H | H | |
| 6 | H | × | L | H | H | L | H | L | L | H | H | H | H | H | |
| 7 | H | × | L | H | H | H | H | H | H | H | L | L | L | L | |
| 8 | H | × | H | L | L | L | H | H | H | H | H | H | H | H | |
| 9 | H | × | H | L | L | H | H | H | H | H | H | L | H | H | |
| 10 | H | × | H | L | H | L | H | L | L | L | H | H | L | H | |
| 11 | H | × | H | L | H | H | H | L | L | H | H | L | L | H | |
| 12 | H | × | H | H | L | L | H | L | H | L | L | L | H | H | |
| 13 | H | × | H | H | L | H | H | H | L | L | H | L | H | H | |
| 14 | H | × | H | H | H | L | H | L | L | L | H | H | H | H | |
| 15 | H | × | H | H | H | H | H | L | L | L | L | L | L | L | 无字形 |
| 灭灯 | × | × | × | × | × | × | L | L | L | L | L | L | L | L | 无字形 |
| 灭零 | H | L | L | L | L | L | L | L | L | L | L | L | L | L | 无字形 |
| 灯测试 | L | × | × | × | × | × | H | H | H | H | H | H | H | H | |

3）灭灯输入/动态灭零输出 $BI/RBO$。该端是一个特殊的控制端，既可以作为输入也可以作为输出。当作为输入端使用且 $BI=0$ 时，无论其他输入端是何电平，输出 $a \sim g$ 均为低电平，无字形输出，此即灭灯功能。当作为输出端使用时，受控于 $LT$ 和 $RBI$。当 $LT=1$ 且 $RBI=0$，输入代码 $DCBA=0000$ 时，$RBO=0$，该低电平可以用来指示显示译码器处于灭零状态。

将 $RBI$ 和 $RBO$ 配合使用可以实现多位数显示的灭零控制，用以实现无意义位的消隐。

### 3.4.2.4　数据分配器

数据分配是将一个数据源来的数据根据需要送到多个不同的通道上去，实现数据分配功能的逻辑电路称为数据分配器。它的作用相当于多个输出的单刀多掷开关，其示意图如图 3-14 所示。数据分配器可以用唯一地址译码器实现。如用 3 线—8 线译码器可以把一个数据信号分配到 8 个不同的通道上去。用 74138 作为数据分配器的逻辑原理图如图 3-15 所示。将 $G_{2B}$ 接低

图 3-14　数据分配器示意图　　　　　　图 3-15　用 74138 作为数据分配器

电平，$G_1$ 作为使能端，$C$、$B$ 和 $A$ 作为选择通道地址输入，$G_{2A}$ 作为数据输入。例如，当 $G_1 = 1$，$CBA = 010$ 时，由功能表（表 3-10）可得：

$$Y_2 = \overline{(G_1 \cdot \overline{G_{2A}} \cdot \overline{G_{2B}}) \cdot \overline{C} \cdot B \cdot \overline{A}} = G_{2A}$$

而其余输出端均为高电平。因此，当地址 $CBA = 010$ 时，只有输出端 $Y_2$ 得到与输入相同的数据波形。74138 译码器作为数据分配器的功能表如表 3-10 所示。

表 3-10　74138 译码器作为数据分配器时的功能表

| 输　入 | | | | | | 输　出 | | | | | | | |
|---|---|---|---|---|---|---|---|---|---|---|---|---|---|
| $G_1$ | $G_{2B}$ | $G_{2A}$ | $C$ | $B$ | $A$ | $Y_0$ | $Y_1$ | $Y_2$ | $Y_3$ | $Y_4$ | $Y_5$ | $Y_6$ | $Y_7$ |
| L | L | × | × | × | × | H | H | H | H | H | H | H | H |
| H | L | D | L | L | L | D | H | H | H | H | H | H | H |
| H | L | D | L | L | H | H | D | H | H | H | H | H | H |
| H | L | D | L | H | L | H | H | D | H | H | H | H | H |
| H | L | D | L | H | H | H | H | H | D | H | H | H | H |
| H | L | D | H | L | L | H | H | H | H | D | H | H | H |
| H | L | D | H | L | H | H | H | H | H | H | D | H | H |
| H | L | D | H | H | L | H | H | H | H | H | H | D | H |
| H | L | D | H | H | H | H | H | H | H | H | H | H | D |

数据分配器的用途比较多，比如用它将一台 PC 机与多台外部设备连接，将计算机的数据分配到外部设备中。它还可以与计数器结合组成脉冲分配器，与数据选择器连接组成分时数据传送系统。

### 3.4.3　加法器

算术运算单元是计算机中不可缺少的单元电路，常用的有加法器、减法器、乘法器等，其中加法器是设计基础，其他运算部件可以由加法器和其他门电路组合而成。

#### 3.4.3.1　半加器

两个一位二进制数相加，称为"半加"，实现半加操作的电路，称半加器（half adder），其真值表如表 3-11 所示，表中 $A$ 表示被加数，$B$ 表示加数，$A$、$B$ 是输入，$S$ 表示"求和"输出，$C$ 表示进位输出。

表 3-11　半加器真值表

| 输　入 | | 输　出 | | 输　入 | | 输　出 | |
|---|---|---|---|---|---|---|---|
| $A$ | $B$ | $S$ | $C$ | $A$ | $B$ | $S$ | $C$ |
| 0 | 0 | 0 | 0 | 1 | 0 | 1 | 0 |
| 0 | 1 | 1 | 0 | 1 | 1 | 0 | 1 |

由表 3-11 得：

$$S = A\overline{B} + \overline{A}B = A \oplus B$$

$$C = AB$$

半加器的逻辑符号和逻辑图如图 3-16 所示。

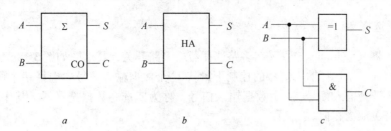

图 3-16 半加器

a—国际逻辑符号；b—惯用逻辑符号；c—逻辑图

#### 3.4.3.2 全加器

实现两个多位二进制数的相加，除考虑本位被加数和加数相加外，还应考虑低位来的进位，这三者相加称为"全加"。实现全加操作的电路，称为全加器（full adder）。全加器的真值表见表 3-12，写出逻辑表达式为：

$$S_i = \overline{A_i}\,\overline{B_i}C_{i-1} + \overline{A_i}B_i\,\overline{C_{i-1}} + A_i\,\overline{B_i}\,\overline{C_{i-1}} + A_iB_iC_{i-1}$$

$$C_i = A_iB_i + A_iC_{i-1} + B_iC_{i-1}$$

逻辑表达式化简为：

$$S_i = \overline{A_i}\,\overline{B_i}C_{i-1} + \overline{A_i}B_i\,\overline{C_{i-1}} + A_i\,\overline{B_i}\,\overline{C_{i-1}} + A_iB_iC_{i-1}$$

$$= \overline{(A_i \oplus B_i)}C_{i-1} + (A_i \oplus B_i)\,\overline{C_{i-1}}$$

$$= A_i \oplus B_i \oplus C_{i-1}$$

$$C_i = \overline{A_i}B_iC_{i-1} + A_i\,\overline{B_i}C_{i-1} + A_iB_i\,\overline{C_{i-1}} + A_iB_iC_{i-1}$$

$$= A_iB_i + (A_i \oplus B_i)C_{i-1}$$

**表 3-12 全加器真值表**

| 输 入 | | | 输 出 | | 输 入 | | | 输 出 | |
|---|---|---|---|---|---|---|---|---|---|
| $A_i$ | $B_i$ | $C_{i-1}$ | $S_i$ | $C_i$ | $A_i$ | $B_i$ | $C_{i-1}$ | $S_i$ | $C_i$ |
| 0 | 0 | 0 | 0 | 0 | 1 | 0 | 0 | 1 | 0 |
| 0 | 0 | 1 | 1 | 0 | 1 | 0 | 1 | 0 | 1 |
| 0 | 1 | 0 | 1 | 0 | 1 | 1 | 0 | 0 | 1 |
| 0 | 1 | 1 | 0 | 1 | 1 | 1 | 1 | 1 | 1 |

全加器的符号如图 3-17a 所示，由逻辑表达式画出全加器的逻辑图如图 3-17b 所示。

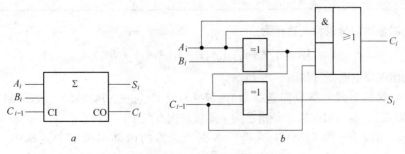

图 3-17 全加器

a—全加器符号；b—由异或门构成的逻辑电路

### 3.4.4  数据选择器

数据选择器（multiplexer），又名多路选择器或多路开关，其框图如图 3-18a 所示，其基本逻辑功能为：在 $n$ 个选择输入信号的控制下，从 $2^n$ 个数据输入信号中选择一个作为输出，若 $n=2$，则 2 个选择输入信号，4 个数据输入信号，称为四选一数据选择器，其作用与图 3-18b 所示的多位开关颇为相似。

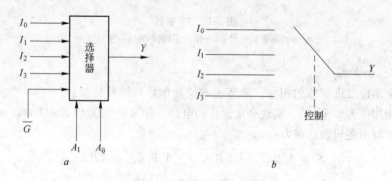

图 3-18    数据选择框图及等效开关

a—数据选择器；b—等效开关

图 3-18a 中 $I_0$、$I_1$、$I_2$、$I_3$ 为数据输入端，$A_0$、$A_1$ 为控制信号，即：

$$Y = I_0(\overline{A_1}\,\overline{A_0}) + I_1(\overline{A_1}A_0) + I_2(A_1\overline{A_0}) + I_3(A_1A_0)$$

在图 3-18a 中，当 $A_1A_0=00$ 时，$Y=I_0$；当 $A_1A_0=01$ 时，$Y=I_1$；当 $A_1A_0=10$ 时，$Y=I_2$；当 $A_1A_0=11$ 时，$Y=I_3$。

[例 3-5]    设计一个四选一数据选择器。

解：（1）根据题意画出框图，如图 3-18a 所示，列出真值表，如表 3-13 所示，$\overline{G}$ 为使能信号。当 $\overline{G}=1$ 时，$Y=0$，电路处于阻塞状态；当 $\overline{G}=0$ 时，电路处于工作状态。

表 3-13    例 3-5 真值表

| 输　　入 | | | 输　出 | 输　　入 | | | 输　出 |
|---|---|---|---|---|---|---|---|
| $\overline{G}$ | $A_1$ | $A_0$ | $Y$ | $\overline{G}$ | $A_1$ | $A_0$ | $Y$ |
| 0 | 0 | 0 | $I_0$ | 0 | 1 | 1 | $I_3$ |
| 0 | 0 | 1 | $I_1$ | 1 | × | × | 0 |
| 0 | 1 | 0 | $I_2$ | | | | |

（2）写出输出信号逻辑表达式为：

$$Y = I_0(\overline{A_1}\,\overline{A_0}) + I_1(\overline{A_1}A_0) + I_2(A_1\overline{A_0}) + I_3(A_1A_0)$$

（3）画出逻辑电路图，如图 3-19 所示。

常用的中规模集成电路数据选择器有：74LS157 四选一、74LS151、74LS153 双四选一、CD114539 双四选一等。双四选一是指在同一集成块内有两个四选一。

图 3-20a、图 3-20b 为 74LS151 八选一数据选择器的内部引脚图和逻辑图，表 3-14 为 74LS151 的功能表。$A_0$、$A_1$、$A_2$ 为控制信号，用以选择不同的通道；$I_0 \sim I_7$ 为数据输入信号；$\overline{E}$ 为使能信号；当 $\overline{E}=1$ 时，输出 $Y=0$；当 $\overline{E}=0$ 时，选择器处于工作状态。按表 3-14 可写出数

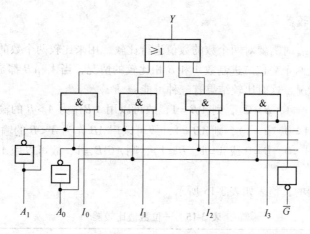

图 3-19　四选一电路

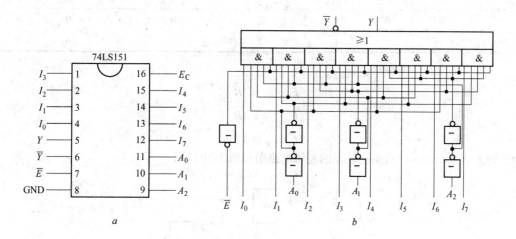

图 3-20　74LS151 引脚图与逻辑图

a—引脚图；b—逻辑图

据选择器的逻辑表达式为：

$$Y = I_0\overline{A_2}\,\overline{A_1}\,\overline{A_0} + I_1\overline{A_2}\,\overline{A_1}A_0 + I_2\overline{A_2}A_1\overline{A_0} + I_3\overline{A_2}A_1A_0 +$$

$$I_4A_2\overline{A_1}\,\overline{A_0} + I_5A_2\overline{A_1}A_0 + I_6A_2A_1\overline{A_0} + I_7A_2A_1A_0$$

表 3-14　74LS151 功能表

| 输　入 | | | | 输　出 | 输　入 | | | | 输　出 |
| --- | --- | --- | --- | --- | --- | --- | --- | --- | --- |
| $\overline{E}$ | $A_2$ | $A_1$ | $A_0$ | $Y$ | $\overline{E}$ | $A_2$ | $A_1$ | $A_0$ | $Y$ |
| 0 | 0 | 0 | 0 | $I_0$ | 0 | 1 | 0 | 1 | $I_5$ |
| 0 | 0 | 0 | 1 | $I_1$ | 0 | 1 | 1 | 0 | $I_6$ |
| 0 | 0 | 1 | 0 | $I_2$ | 0 | 1 | 1 | 1 | $I_7$ |
| 0 | 0 | 1 | 1 | $I_3$ | 1 | × | × | × | 0 |
| 0 | 1 | 0 | 0 | $I_4$ | | | | | |

### 3.4.5　一位数字比较器

在数字系统中，有时需要对两个数的数值进行比较，用来比较两个数的数值的电路称为数值比较器。现在讨论两个一位二进制数 $A$ 和 $B$ 相比较的情况，当 $A$ 和 $B$ 都是一位数时，它们只可能取 0 或 1 两种情况，这时比较结果有三种可能：

（1） $A > B$ （即 $A = 1$ ， $B = 0$ ），则 $A\overline{B} = 1$ ，故可以用 $A\overline{B}$ 作为 $A > B$ 的输出信号 $F_{(A > B)}$ 。

（2） $A < B$ （即 $A = 0$ ， $B = 1$ ），则 $\overline{A}B = 1$ ，故可以用 $\overline{A}B$ 作为 $A < B$ 的输出信号 $F_{(A < B)}$ 。

（3） $A = B$ （即 $A = 0$ ， $B = 0$ 或 $A = 1$ ， $B = 1$ ），则 $A \odot B = 1$ ，故可以用 $A \odot B$ 作为 $A = B$ 的输出信号 $F_{(A = B)}$ 。

一位数值比较器的真值表如表 3-15 所示。

**表 3-15　一位数值比较器**

| 输　入 | | 输　出 | | | 输　入 | | 输　出 | | |
|---|---|---|---|---|---|---|---|---|---|
| $A$ | $B$ | $F_{A > B}$ | $F_{A < B}$ | $F_{A = B}$ | $A$ | $B$ | $F_{A > B}$ | $F_{A < B}$ | $F_{A = B}$ |
| 0 | 0 | 0 | 0 | 1 | 1 | 0 | 1 | 0 | 0 |
| 0 | 1 | 0 | 1 | 0 | 1 | 1 | 0 | 0 | 1 |

由以上可以得出如下逻辑表达式：

$$F_{(A > B)} = A\overline{B}$$
$$F_{(A < B)} = \overline{A}B$$
$$F_{(A = B)} = A \cdot B$$

由上述表达式画出一位数值比较器的逻辑电路图如图 3-21 所示。

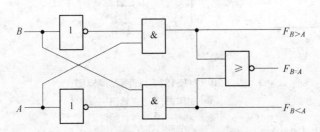

图 3-21　一位数值比较器的逻辑电路图

## 3.5　组合逻辑电路中的竞争冒险现象

### 3.5.1　竞争冒险现象及其产生原因

在前面组合逻辑电路的分析与设计中，我们只讨论了输入与输出稳定状态之间的逻辑关系，没有考虑信号通过导线和逻辑门的传输延迟时间。事实上，信号通过导线和门电路时，都存在时间的延迟，信号从输入到稳定需要一定的时间。因此，同一个门的一组输入信号，由于它们在此前通过不同数目的门，经过不同长度导线的传输，到达的时间会有先有后，这种现象称为竞争。因竞争而使逻辑电路的输出端产生不应有的过渡干扰脉冲的现象称为冒险。

下面分析如图 3-22$a$ 中所示电路的工作情况，与门 $G_2$ 的输入是 $\overline{A}$ 和 $A$ 两个互补信号。理论上，$G_2$ 的输出 $L$ 应始终保持为低电平。而实际上，由于 $G_1$ 的延迟，$\bar{A}$ 的下降沿要滞后于 $A$ 的上升沿，因此在很短的时间间隔内，$G_2$ 的两个输入端都出现了高电平，从而使 $G_2$ 的输出端产生了不符合逻辑设计要求的高电平窄脉冲，如图 3-22$b$ 所示。

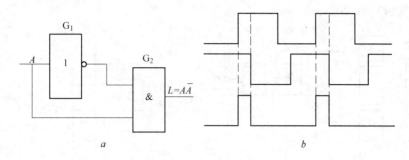

图 3-22　产生正干扰脉冲的竞争冒险
$a$—逻辑电路；$b$—波形

从上面的分析可以看出，如果门电路的输入中存在互补信号，当互补信号的状态发生变化时，门电路的输出端就可能出现不应有的过渡干扰脉冲，这就是导致竞争冒险主要原因。

### 3.5.2　消除竞争冒险的方法

针对竞争冒险产生原因，可以采取以下措施加以消除。

（1）修改逻辑设计。

1）发现并消除互补变量。例如按照函数式 $L = (A + B)(\bar{A} + C)$ 构造的逻辑电路，在 $B = C = 0$ 时，$L = A\bar{A}$，就可能出现竞争冒险。将表达式变换为 $L = AC + \bar{A}B + BC$ 后可以消除 $A\bar{A}$，按照变换式的表达式组成的逻辑电路就不会出现竞争冒险。

2）增加乘积项。按照函数式 $L = AC + \bar{A}B$ 构造的逻辑电路，在 $B = C = 1$ 时，可能出现竞争冒险。在输出端的逻辑表达式中增加乘积项 $BC$，将表达式变换为 $L = AC + \bar{A}B + BC$ 后，在出现负跳变窄脉冲处，正是 $B = C = 1$ 时，从而达到消除竞争冒险的目的。

（2）加封锁脉冲。在输入信号产生竞争冒险的时间内，引入一个脉冲将可能产生过渡干扰脉冲的门封锁住。封锁脉冲应在输入信号转换前到来，转换结束后消失。

（3）加选通信号。对输出可能产生过渡干扰脉冲的门电路增加一个输入端接选通信号，只有在输入信号转换完成并稳定后，引入选通信号允许信号输出，在转换过程中，由于没有加选通信号，因此，输出不会出现过渡干扰脉冲。

（4）在输出端并联滤波电容。在可能产生过渡干扰脉冲的门电路输出端与地之间接一个容量为 4 ~ 20pF 的电容，由于门电路本身存在一定的输出电阻，就会使输出波形的上升变化和下降变化比较缓慢。过渡干扰脉冲的宽度一般都很窄，通过电容的平波作用就可以吸收掉过渡干扰脉冲，保证在输出端不出现逻辑错误。

# 3.6　本章小结

组合逻辑电路是数字电路中两大组成部分之一。电路任一时刻的输出仅取决于该时刻电路的输入，与电路过去的输入状态无关，这种类型的电路称为组合逻辑电路。本章详细介绍了组合逻辑电路的分析和设计方法，在此基础上，依次介绍了数字电路中常用的部件，最后介绍了在使用中可能出现的竞争冒险现象及其消除方法。

# 习　题

3-1　写出如图 3-23 所示各电路的逻辑表达式，并化简之。

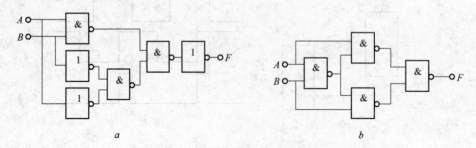

图 3-23　习题 3-1 的图

3-2　写出如图 3-24 所示各电路的逻辑表达式，并化简之。

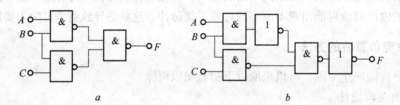

图 3-24　习题 3-2 的图

3-3　证明如图 3-25 所示两个逻辑电路具有相同的逻辑功能。

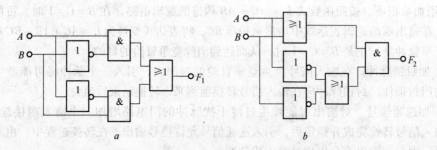

图 3-25　习题 3-3 的图

3-4　分析如图 3-26 所示两个逻辑电路的逻辑功能是否相同？要求写出逻辑表达式，列出真值表。

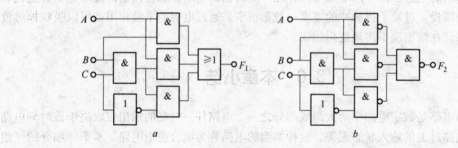

图 3-26　习题 3-4 的图

3-5　分析如图 3-27 所示两个逻辑电路，要求写出逻辑式，列出真值表，然后说明这两个电路的逻辑功能是否相同。

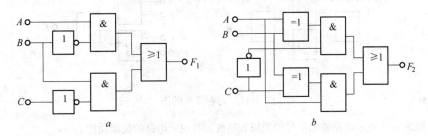

图 3-27　习题 3-5 的图

3-6　写出如图 3-28 所示各电路输出信号的逻辑表达式，并列出真值表。

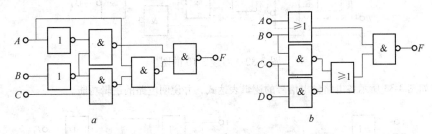

图 3-28　习题 3-6 的图

3-7　写出如图 3-29 所示各逻辑图的输出函数表达式，并列出真值表。

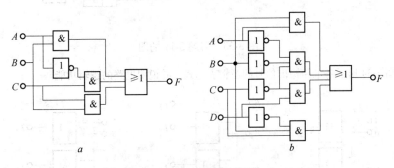

图 3-29　习题 3-7 的图

3-8　写出如图 3-30 所示各逻辑图的输出函数表达式，并列出真值表。

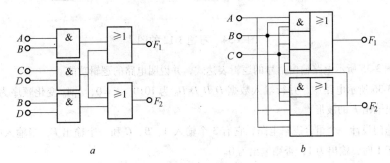

图 3-30　习题 3-8 的图

3-9　写出如图 3-31 所示各电路输出信号的逻辑表达式，并说明电路的逻辑功能。

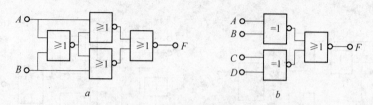

图 3-31　习题 3-9 的图

3-10　写出如图 3-32 所示电路输出信号的逻辑表达式，并说明电路的逻辑功能。

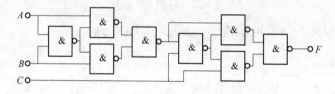

图 3-32　习题 3-10 的图

3-11　写出如图 3-33 所示各电路输出信号的逻辑表达式，并说明电路的逻辑功能。

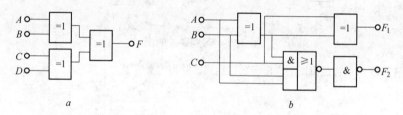

图 3-33　习题 3-11 的图

3-12　写出如图 3-34 所示各电路输出信号的逻辑表达式，并说明电路的逻辑功能。

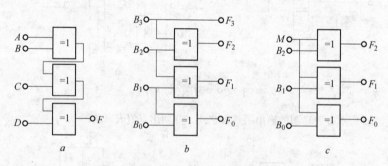

图 3-34　习题 3-12 的图

3-13　写出如图 3-35 所示电路输出信号的逻辑表达式，并说明电路的逻辑功能。

3-14　在如图 3-36 所示电路中，并行输入数据 $D_3 D_2 D_1 D_0$ 为 1010，$X=0$，$A_1 A_0$ 变化顺序为 00、01、10、11，画出输出 $F$ 的波形。

3-15　试用与非门设计一个组合逻辑电路，它有 3 个输入 $A$、$B$、$C$ 和一个输出 $F$，当输入中 1 的个数少于或等于 1 时，输出为 1，否则输出为 0。

3-16　某车间有 3 台电动机 $A$、$B$、$C$，要维持正常生产必须至少两台电动机工作。试用与非门设计一个

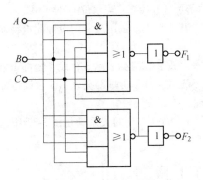

图 3-35　习题 3-13 的图

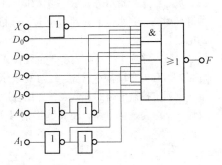

图 3-36　习题 3-14 的图

能满足此要求的逻辑电路。

3-17　某高校毕业班有一个学生还需修满 9 个学分才能毕业，在所剩的 4 门课程中，$A$ 为 5 个学分，$B$ 为 4 个学分，$C$ 为 3 个学分，$D$ 为 2 个学分。试用与非门设计一个逻辑电路，其输出为 1 时表示该生能顺利毕业。

3-18　某工程进行检测验收，在 4 项验收指标中，$A$、$B$、$C$ 多数合格则验收通过，但前提条件是 $D$ 必须合格，否则检测验收不予通过。试用与非门设计一个能满足此要求的组合逻辑电路。

3-19　某保险柜有 3 个按钮 $A$、$B$、$C$，如果在按下按钮 $B$ 的同时再按下按钮 $A$ 或 $C$，则发出开启柜门的信号 $F_1$，柜门开启；如果按键错误，则发出报警信号 $F_2$，柜门不开。试用与非门设计一个能满足这一要求的组合逻辑电路。

3-20　分别用与非门设计能实现下列功能的组合逻辑电路。输入是两个 2 位二进制数 $A = A_1 A_0$、$B = B_1 B_0$。

（1）$A$ 和 $B$ 的对应位相同时输出为 1，否则输出为 0。

（2）$A$ 和 $B$ 的对应位相反时输出为 1，否则输出为 0。

（3）$A$ 和 $B$ 都为奇数时输出为 1，否则输出为 0。

（4）$A$ 和 $B$ 都为偶数时输出为 1，否则输出为 0。

（5）$A$ 和 $B$ 一个为奇数而另一个为偶数时输出为 1，否则输出为 0。

3-21　分别用与非门设计能实现下列功能的组合逻辑电路。

（1）4 变量多数表决电路（4 个变量中有 3 个或 4 个变量为 1 时输出为 1）。

（2）4 变量一致电路（4 个变量状态完全相同时输出为 1）。

（3）4 变量判奇电路（4 个变量中 1 的个数为奇数时输出为 1）。

（4）4 变量判偶电路（4 个变量中 1 的个数为偶数时输出为 1）。

3-22　分别设计能够实现下列要求的组合逻辑电路，输入的是 4 位二进制正整数。

（1）能被 2 整除时输出为 1，否则输出为 0。

（2）能被 5 整除时输出为 1，否则输出为 0。

（3）大于或等于 5 时输出为 1，否则输出为 0。

（4）小于或等于 10 时输出为 1，否则输出为 0。

3-23　设计一个路灯的控制电路（一盏灯），要求在 4 个不同的地方都能独立地控制灯的亮灭。

3-24　试设计一个温度控制电路，其输入为 4 位二进制数 $ABCD$，代表检测到的温度，输出为 $X$ 和 $Y$，分别用来控制暖风机和冷风机的工作。当温度低于或等于 5 时，暖风机工作，冷风机不工作；当温度高于或等于 10 时，冷风机工作，暖风机不工作；当温度介于 5 和 10 之间时，暖风机和冷风机都不工作。

3-25　试为某水坝设计一个水位报警控制器，设水位高度用 4 位二进制数 $ABCD$ 提供，输出报警信号用白、黄、红 3 个指示灯表示。当水位上升到 8m 时，白指示灯开始亮；当水位上升到 10m 时，黄指示灯开始亮；当水位上升到 12m 时，红指示灯开始亮，其他灯灭。试用或非门设计此报警器的控制电路。

3-26  用红、黄、绿 3 个指示灯表示 3 台设备 A、B、C 的工作状况：绿灯亮表示 3 台设备全部正常，黄灯亮表示有 1 台设备不正常，红灯亮表示有 2 台设备不正常，红、黄灯都亮表示 3 台设备都不正常。试列出控制电路的真值表，并用合适的门电路实现。

3-27  设计一个组合逻辑电路，使其输出信号 $F$ 与输入信号 $A$、$B$、$C$、$D$ 的关系满足图 3-37 所示的波形图。

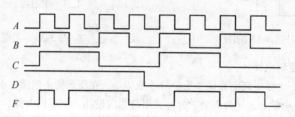

图 3-37   习题 3-27 的图

3-28  分别画出用与非门、或非门以及半加器构成全加器的电路图。

3-29  仿照半加器和全加器的设计方法，设计一个半减器和一个全减器。

3-30  设计一个乘法器，输入是两个 2 位二进制数 $A = A_1A_0$、$B = B_1B_0$，输出是两者的乘积（一个 4 位二进制数）$Y = Y_3Y_2Y_1Y_0$。

3-31  设计一个数值比较器，输入是两个 2 位二进制数 $A = A_1A_0$、$B = B_1B_0$，输出是两者的比较结果 $Y_1$（$A = B$ 时其值为 1）、$Y_2$（$A > B$ 时其值为 1）和 $Y_3$（$A < B$ 时其值为 1）。

3-32  用集成二进制译码器 74LS138 和与非门构成全减器。

3-33  用集成二进制译码器 74LS138 和与非门实现下列逻辑函数。

（1）$F_1 = AC + B\bar{C} + \bar{A}\bar{B}$

（2）$F_2 = A\bar{B} + AC$

（3）$F_3 = A\bar{C} + A\bar{B} + \bar{A}B + \bar{B}C$

（4）$F_4 = A\bar{B} + BC + AB\bar{C}$

3-34  用数据选择器 74LS153 分别实现下列逻辑函数。

（1）$F_1 = \bar{A}\bar{B} + AB$

（2）$F_2 = \bar{A}B + A\bar{B}$

（3）$F_3 = \bar{A}\bar{B}C + AB$

（4）$F_4 = \bar{A}B + A\bar{C} + A\bar{B}$

3-35  用数据选择器 74LS151 分别实现下列逻辑函数。

（1）$F = \bar{A}\bar{B}C + \bar{A}B\bar{C} + A\bar{B}\bar{C} + ABC$

（2）$F = \bar{B}C + AC$

（3）$F = \bar{A}\bar{C} + \bar{A}BD + \bar{B}\bar{C} + \bar{B}D$

（4）$F = A\bar{B} + \bar{B}C + D$

# 4 触 发 器

本章将讨论一种新的逻辑部件——触发器。触发器的"新"在于它具有"记忆"功能，它是构成时序逻辑电路的基本单元。本章首先介绍基本 RS 触发器的组成原理、特点和逻辑功能。然后引出能够防止"空翻"现象的主从触发器和边沿触发器。同时，较详细地讨论 RS 触发器、JK 触发器、D 触发器、T 触发器、T′触发器的逻辑功能及其描述方法。

## 4.1　触发器概述

在数字系统中，二进制信息除了参加算术和逻辑运算外，有时还需要将其保存起来，触发器是用来保存二进制信息的基本单元电路，在数字电路中广泛使用。

触发器有两个稳定状态，即 0 状态和 1 状态。在控制信号的作用下，它可以被置成 0 状态，也可以被置成 1 状态，在控制信号不起作用时，触发器的状态保持不变，因而具有记忆功能。触发器有两个输出端，即 $Q$ 和 $\bar{Q}$，正常情况下它们以互补形式出现。当 $Q = 0(\bar{Q} = 1)$ 时，触发器的状态定义为 0 状态；当 $Q = 1(\bar{Q} = 0)$ 时，触发器的状态定义为 1 状态。

触发器在接收信号前的状态定义为现态，用"$Q$"表示，接收信号后的状态定义为次态，用 $Q^{n+1}$ 表示。使触发器输出状态改变的输入信号称为触发信号，触发信号的形式称为触发方式，按触发信号的不同形式可分为电平触发方式、脉冲触发方式和边沿触发方式。触发器输出状态的改变称为翻转。不同的触发器具有不同的逻辑功能，在电路结构和触发方式方面也有不同的种类。根据电路功能，触发器可分为 RS 触发器、JK 触发器、D 触发器等。根据电路结构，触发器可分为基本 RS 触发器、同步触发器、主从触发器和边沿触发器。

本章首先介绍基本 RS 触发器的组成原理、特点和逻辑功能。然后引出能够防止"空翻"现象的主从触发器和边沿触发器。同时，较详细地讨论 RS 触发器、JK 触发器、D 触发器、T 触发器、T′触发器的逻辑功能及其描述方法。

## 4.2　触发器的电路结构形式

### 4.2.1　基本 RS 触发器

#### 4.2.1.1　电路结构

基本 RS 触发器是最简单的触发器，是构成其他类型触发器的基本单元。其电路如图 4-1 所示，它可以由两个与非门交叉耦合组成（图 4-1$a$），也可由两个或非门交叉耦合组成（图 4-1$b$），其逻辑符号如图 4-2 所示。

现以图 4-1$a$ 所示的基本触发器为例，分析其工作原理。

电路由两个 TTL 或 CMOS 与非门交叉耦合而成。$Q$ 和 $\bar{Q}$ 是触发器两个互为相反的输出端。当 $Q = 0(\bar{Q} = 1)$ 时，称触发器状态为 0；当 $Q = 1(\bar{Q} = 0)$ 时，称触发器状态为 1。触发器有两个输入端，输入信号 $\bar{R}_\mathrm{D}$、$\bar{S}_\mathrm{D}$。根据与非逻辑关系，不难看出：

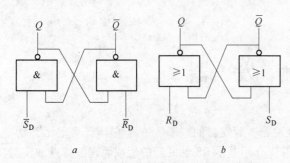

图 4-1　基本 RS 触发器电路　　　　　　　　图 4-2　基本 RS 触发器逻辑符号

*a*—两个与非门交叉耦合；*b*—两个或非门交叉耦合

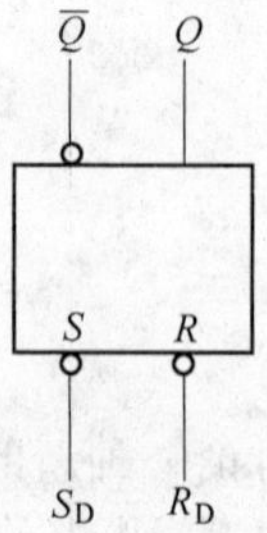

（1）$\overline{R}_D = 0$、$\overline{S}_D = 1$ 时，由于 $\overline{R} = 0$，不论原来 $Q$ 为 0 还是 1，都有 $\overline{Q} = 1$；再由 $\overline{S}_D = 1$、$\overline{Q} = 1$ 可得 $Q = 0$，即不论触发器原来处于什么状态都将变成 0 状态，这种情况称将触发器置 0 或复位。$\overline{R}_D$ 端称为触发器的置 0 端或复位端。

（2）$\overline{R}_D = 1$、$\overline{S}_D = 0$ 时，由于 $\overline{S}_D = 0$，不论原来 $\overline{Q}$ 为 0 还是 1，都有 $Q = 1$；再由 $\overline{R}_D = 1$、$Q = 1$ 可得 $\overline{Q} = 0$。即不论触发器原来处于什么状态都将变成 1 状态，这种情况称将触发器置 1 或置位。$\overline{S}_D$ 端称为触发器的置 1 端或置位端。

（3）$\overline{R}_D = 1$，$\overline{S}_D = 1$ 时，根据与非门的逻辑功能不难推知，触发器保持原有状态不变，即原来的状态被触发器存储起来，这体现了触发器具有记忆能力。

（4）$\overline{R}_D = 0$、$\overline{S}_D = 0$ 时，$Q = \overline{Q} = 1$，不符合触发器的逻辑关系。并且由于与非门延迟时间不可能完全相等，在两输入端的 0 同时撤除后，将不能确定触发器是处于 1 状态还是 0 状态。因此触发器不允许出现这种情况，所以这里把 $\overline{R}_D$ 和 $\overline{S}_D$ 端不能同时为零称为基本 RS 触发器的约束条件。

#### 4.2.1.2　功能表

以上基本 RS 触发器的分析结论也可以用表格形式描述，基本 RS 触发器的功能表如表 4-1 所示，卡诺图如图 4-3 所示。

**表 4-1　基本 RS 触发器功能表**

| $R_D$ | $S_D$ | $Q^n$ | $Q^{n+1}$ | 功能说明 |
|-------|-------|-------|-----------|----------|
| 0 | 0 | 0 | × | 不稳定状态 |
| 0 | 0 | 1 | × | |
| 0 | 1 | 0 | 0 | 置 0（复位） |
| 0 | 1 | 1 | 0 | |
| 1 | 0 | 0 | 1 | 置 1（置位） |
| 1 | 0 | 1 | 1 | |
| 1 | 1 | 0 | 0 | 保持原状态 |
| 1 | 1 | 1 | 1 | |

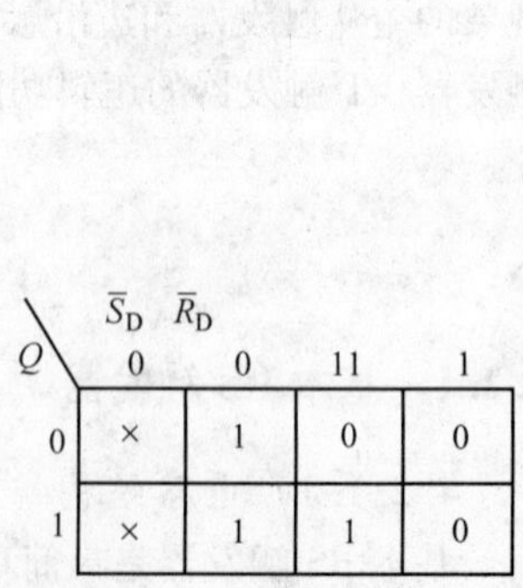

| $Q$ ＼ $\overline{S}_D\ \overline{R}_D$ | 0　0 | 0　1 | 11 | 1　0 |
|---|---|---|---|---|
| 0 | × | 1 | 0 | 0 |
| 1 | × | 1 | 1 | 0 |

图 4-3　基本 RS 触发器卡诺图

#### 4.2.1.3　特性方程

触发器的逻辑功能还可用逻辑函数来描述。这种描述触发器逻辑功能的函数表达式称为特性方程。由表 4-1 通过卡诺图 4-3 简化，可得：

$$Q^{n+1} = S_D + \overline{R}_D Q^n$$
$$\overline{S}_D + \overline{R}_D = 1$$
$$\tag{4-1}$$

其中，$\overline{S}_D + \overline{R}_D = 1$ 称为约束条件。由于 $\overline{S}_D$ 和 $\overline{R}_D$ 同时为 0 又同时恢复为 1 时，状态 $Q^{n+1}$ 是不确定的。为了获得确定的 $Q^{n+1}$，输入信号 $\overline{S}_D$ 和 $\overline{R}_D$ 应满足 $\overline{S}_D + \overline{R}_D = 1$。

#### 4.2.1.4 状态图

采用图形的方法描述触发器的逻辑功能，就得到了其状态图。如图 4-4 所示为基本触发器的状态转移图。图中圆圈分别代表基本触发器的两个稳定状态，箭头表示在输入信号作用下状态转移的方向，箭头旁的标注表示状态转移时的条件。由图 4-4 可见，如果触发器当前稳定状态是 $Q^n = 0$，则在输入信号 $\overline{R}_D = 1$、$\overline{S}_D = 0$ 的条件下，触发器转移至下一状态（次态）$Q^{n+1} = 1$；如果输入信号 $\overline{S}_D = 1$、$\overline{R}_D = 0$ 或 1，则触发器维持在 0；同理如果触发器的当前状态稳定在 $Q^n = 1$，则在输入信号 $\overline{R}_D = 0$、$\overline{S}_D = 1$ 的作用下，触发器转移至下一状态（次态）$Q^{n+1} = 0$；如果输入信号 $\overline{R}_D = 1$、$\overline{S}_D = 1$ 或 0，触发器维持在 1。这与表 4-1 所描述的功能是一致的。

#### 4.2.1.5 波形图

根据对基本 RS 触发器的工作原理分析，可以得出其工作波形如图 4-5 所示。

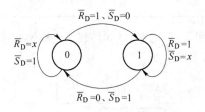

图 4-4　基本 RS 触发器状态转移图

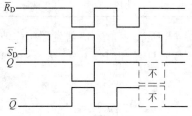

图 4-5　基本 RS 触发器工作波形

### 4.2.2　同步触发器

由上述基本 RS 触发器的分析可以知道，基本触发器的特点是：一旦输入端出现置 0 或置 1 信号，输出端状态就可能随之发生变化，这在数字系统中会带来许多的不便。实际使用中，往往要求触发器按一定的节拍动作，于是产生了同步式触发器，也可称为时钟触发器和钟控触发器。同步触发器主要包括同步 RS 触发器、同步 D 触发器、同步 JK 触发器以及同步 T 触发器等。下面分别对以上触发器作说明。

#### 4.2.2.1　同步 RS 触发器

同步 RS 触发器的电路结构和逻辑符号如图 4-6 所示。其中门 $G_1$ 和 $G_2$ 构成基本触发器，

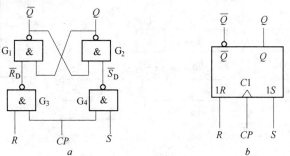

图 4-6　触发器的电路结构和逻辑符号

$a$—电路结构；$b$—逻辑符号

门 $G_3$ 和 $G_4$ 构成触发钟控电路。由图可见，当 $CP = 0$ 时，$\overline{R}_D = 1$，$\overline{S}_D = 1$，由基本触发器功能可知，触发器状态 $Q$ 维持不变，当 $CP = 1$ 时，$\overline{R}_D = R$，$\overline{S}_D = S$，触发器状态将发生改变。

根据基本触发器状态方程式 4-1，可得到当 $CP = 1$ 时同步 RS 触发器的状态方程，

$$Q^{n+1} = S + \overline{R}Q^n$$
$$RS = 0$$

(4-2)

其中，$RS = 0$ 是约束条件。

同理可以得到在 $CP = 1$ 时同步 RS 触发器的功能表 4-2 及状态转移图 4-7。

表 4-2　同步 RS 触发器功能表

| $R$ | $S$ | $Q^n$ | $Q^{n+1}$ | 功能说明 |
| --- | --- | --- | --- | --- |
| 0 | 0 | 0 | 0 | 保持原状态 |
| 0 | 0 | 1 | 1 |  |
| 0 | 1 | 0 | 1 | 置 1（置位） |
| 0 | 1 | 1 | 1 |  |
| 1 | 0 | 0 | 0 | 置 0（复位） |
| 1 | 0 | 1 | 0 |  |
| 1 | 1 | 0 | × | 不稳定状态 |
| 1 | 1 | 1 | × |  |

图 4-8 所示为同步 RS 触发器工作波形。当 $CP = 0$ 时，不论 $R$、$S$ 如何变化，触发器状态都维持不变。只有当 $CP = 1$ 时，$R$、$S$ 的变化才能引起状态的改变。

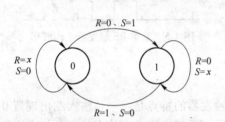

图 4-7　同步 RS 触发器状态转移图

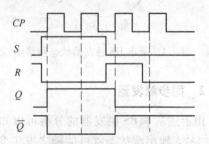

图 4-8　同步 RS 触发器工作波形

### 4.2.2.2　同步 D 触发器

同步 D 触发器是为避免同步 RS 触发器 $R$ 和 $S$ 同时出现为 1 的情况而设计的，其电路及逻辑图如图 4-9 所示，其中门 $G_1$ 和 $G_2$ 构成基本触发器，门 $G_3$ 和 $G_4$ 构成触发钟控电路。由图可

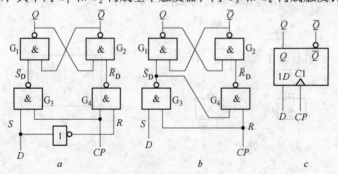

图 4-9　D 触发器电流图及逻辑图

$a$—D 触发器的构成；$b$—D 触发器的简化电路；$c$—D 触发器的逻辑图

见，当 $CP = 0$ 时，基本触发器输入端 $\overline{R}_D = 1$、$\overline{S}_D = 1$，由基本触发器的功能可知，触发器状态不变。当 $CP = 1$ 时，根据式 4-1 可以得到：

$$Q^{n+1} = S_D + \overline{R}_D Q^n = D + \overline{\overline{D}} Q^n = D \tag{4-3}$$

由于 $\overline{S}_D$ 和 $\overline{R}_D$ 恰好互补，因此约束条件始终满足。

式 4-3 为同步 D 触发器的状态方程。它表明在 $CP = 1$ 时，触发器按式 4-3 的描述发生转移。同理，可以得到同步 D 触发器在 $CP = 1$ 时的功能表 4-3 及状态转移图 4-10。

**表 4-3　同步 D 触发器功能表**

| $D$ | $Q^n$ | $Q^{n+1}$ | 功能说明 |
|-----|-------|-----------|----------|
| 0 | 0 | 0 | 置0（复位） |
| 0 | 1 | 0 |  |
| 1 | 0 | 1 | 置1（置位） |
| 1 | 1 | 1 |  |

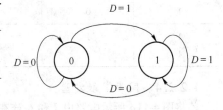

图 4-10　同步 D 触发器状态转移图

### 4.2.2.3　同步 JK 触发器

同步 JK 触发器的电路图及逻辑图如图 4-11 所示，门 $G_1$ 和 $G_2$ 构成基本触发器，门 $G_3$ 和 $G_4$ 构成触发钟控电路。

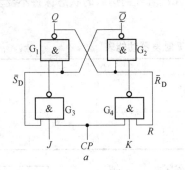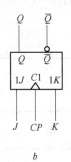

图 4-11　同步 JK 触发器的电路图及逻辑图

a—电路结构；b—逻辑符号

由图可见：当 $CP = 0$ 时，$\overline{R}_D = 1$、$\overline{S}_D = 1$，触发器的状态保持不变。当 $CP = 1$ 时，$\overline{S}_D = \overline{J\overline{Q}^n}$、$\overline{R}_D = \overline{KQ^n}$，触发器接受输入激励，发生状态转移。当 $CP = 1$ 时，根据基本触发器的状态方程 4-1 可以得到：

$$Q^{n+1} = S_D + \overline{R}_D Q^n = J\overline{Q}^n + \overline{KQ^n} Q^n = J\overline{Q}^n + \overline{K}Q^n \tag{4-4}$$

其约束条件 $\overline{S}_D + \overline{R}_D = \overline{J\overline{Q}^n} + \overline{KQ^n} = 1$，因此不论 $J$、$K$ 信号如何变化，基本触发器的约束条件始终满足。式 4-4 为同步 JK 触发器的状态方程。它表明在 $CP = 1$ 时，触发器状态按式 4-4 的描述发生转移。

同理，可以得到同步 JK 触发器在 $CP = 1$ 时的状态转移图 4-12 和功能表 4-4。

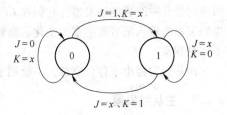

图 4-12　同步 JK 触发器状态转移图

**表 4-4　同步 JK 触发器功能表**

| $J$ | $K$ | $Q^n$ | $Q^{n+1}$ | 功能说明 |
|-----|-----|-------|-----------|----------|
| 0 | 0 | 0 | 0 | 保持原状态 |
| 0 | 0 | 1 | 1 | |
| 0 | 1 | 0 | 0 | 置0（复位） |
| 0 | 1 | 1 | 0 | |
| 1 | 0 | 0 | 1 | 置1（置位） |
| 1 | 0 | 1 | 1 | |
| 1 | 1 | 0 | 1 | 翻　转 |
| 1 | 1 | 1 | 0 | |

#### 4.2.2.4　同步 T 触发器

若将图 4-11$a$ 所示电路中 $J$ 和 $K$ 连在一起，改作 $T$，作为输入信号，则在 $CP=1$ 时，触发器的状态方程为：

$$Q^{n+1} = T\overline{Q^n} + \overline{T}Q^n \tag{4-5}$$

此时触发器称为 T 触发器，其特点是在 $T=1$ 时，触发器在时钟 $CP$ 作用下，每来一个 $CP$ 信号，它的状态就翻转一次；而当 $T=0$ 时，$CP$ 信号到达后的状态保持不变。可以得到 T 触发器的功能表 4-5。

**表 4-5　T 触发器功能表**

| $T$ | $Q^n$ | $Q^{n+1}$ | 功能说明 |
|-----|-------|-----------|----------|
| 0 | 0 | 0 | 保持原状态 |
| 0 | 1 | 1 | |
| 1 | 0 | 1 | 翻　转 |
| 1 | 1 | 0 | |

#### 4.2.2.5　同步触发器存在的问题——空翻

在一个时钟周期的整个高电平期间或整个低电平期间都能接收输入信号并改变状态的触发方式称为电平触发。由此引起的在一个时钟脉冲周期中，触发器发生多次翻转的现象叫做空翻，如图 4-13 所示。空翻是一种有害的现象，它使得时序电路不能按时钟节拍工作，造成系统的误动作。

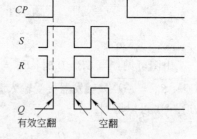

图 4-13　同步 RS 触发器的空翻波形

造成空翻现象的原因是同步触发器结构的不完善，下面将讨论几种改进的触发器，它们在 $CP=1$ 期间，如果同步触发器的输入信号发生多次变化，则触发器的输出状态也会相应的发生多次变化，从而克服了空翻现象。

同步触发器由于存在空翻，不能用于计数器、移位寄存器和存储器，只能用于数据锁存。

### 4.2.3　主从触发器

#### 4.2.3.1　主从 RS 触发器

A　电路结构

主从 RS 触发器的电路结构和逻辑符号如图 4-14 所示，由图可以看出，它是由两个相同的同步 RS 触发器组成的，只是二者的 $CP$ 脉冲相位相反，其中门 $G_5 \sim G_8$ 组成主触发器（图 4-14$a$ 中虚线左边），输入信号 $R$、$S$ 和时钟脉冲 $CP$ 由主触发器加入；$G_1 \sim G_4$ 组成从触发器（图 4-14$a$ 中虚线右边），其输入信号为主触发器的输出，时钟脉冲由 $CP$ 经 $G_9$ 门反相后得到。

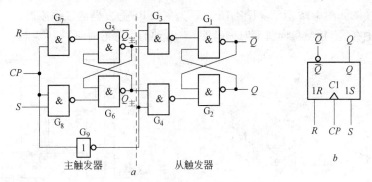

图 4-14　主从 RS 触发器的电路结构和逻辑符号

$a$—电路结构；$b$—逻辑符号

**B　工作原理**

当 $CP = 1$ 时，$G_7$、$G_8$ 门被打开，主触发器根据 $R$、$S$ 的状态而翻转；与此同时 $\overline{CP} = 0$（不考虑 $G_9$ 门的延时），$G_3$、$G_4$ 门被关闭，从触发器不动作，输出保持原来的状态不变。当 $CP$ 由 1 变 0 之后，$G_7$、$G_8$ 门被关闭，此时无论 $R$、$S$ 是什么状态，主触发器的状态都将维持前一时刻（即 $CP = 1$）不变；与此同时，$\overline{CP} = 1$，$G_3$、$G_4$ 门被打开，从触发器将按照主触发器的输出状态而翻转，即从触发器接受前一时刻（$CP = 1$）存入主触发器的信号，从而更新状态。

综上所述，主从 RS 触发器工作时，在 $CP$ 的一个变化周期内分两个阶段完成：第一步，在 $CP = 1$ 期间，主触发器工作，将 RS 信号存入 $Q_主$ 端，而从触发器 $Q$ 端保持原来状态不工作；第二步，当 $CP$ 的下降沿（$CP$ 由 1 变 0）到来时，从触发器工作，将存在主触发器 $Q_主$ 端的信息接收过来作为输入对 $Q$ 端动作，同时主触发器停止工作，锁存原 $Q_主$ 端状态，且在 $CP = 0$ 期间，主从触发器无法再接收输入激励信号，从而克服了多次翻转现象。由于主从 RS 触发器只在 $CP$ 的下降沿到来时才翻转，故称之为下降沿触发型触发器。

**C　逻辑功能**

由上述工作过程可列出主从 RS 触发器的特性表如表 4-6 所示。

**表 4-6　主从 RS 触发器的特性表**

| $CP$ | $S$ | $R$ | $Q^n$ | $Q^{n+1}$ | 说　明 |
|---|---|---|---|---|---|
| ⌐↓ | 0 | 0 | 0 | 0 | 状态不变 |
| ⌐↓ | 0 | 0 | 1 | 1 | |
| ⌐↓ | 1 | 0 | 0 | 1 | 状态与 $S$ 端相同 |
| ⌐↓ | 1 | 0 | 1 | 1 | |
| ⌐↓ | 0 | 1 | 0 | 0 | |
| ⌐↓ | 0 | 1 | 1 | 0 | |
| ⌐↓ | 1 | 1 | 0 | × | 状态不定 |
| ⌐↓ | 1 | 1 | 1 | × | |

由表4-6可写出主从RS触发器的特性方程为：

$$Q^{n+1} = Q_{主}^{n+1} = (S + \overline{R}Q^n) \cdot CP\downarrow$$

$$SR = 0 \tag{4-6}$$

其状态转换图如图4-15所示。图4-16所示为主从RS触发器的工作波形。主从触发器输出状态的转移发生在$CP$信号负向跳变时刻，即$CP$时钟的下降沿时刻。

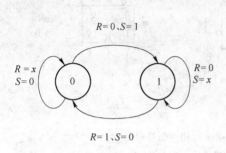

图4-15　主从 RS 触发器状态转换图

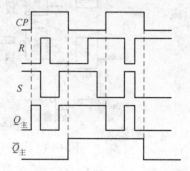

图4-16　主从 RS 触发器工作波形

根据以上分析，主从RS触发器主要有以下特点：

（1）主从控制，时钟脉冲触发。在主从RS触发器中，主、从触发器的状态受到$CP$脉冲的控制。其工作过程可概括为：$CP=1$期间接受信号，$CP$下降沿到来时进行状态的更新。

（2）$R$、$S$之间仍存在约束。由于主从RS触发器是由同步RS触发器组合而成的，所以，在$CP=1$期间，$R$、$S$的取值应遵循同步RS触发器的要求，即不能同时为有效电平（$R$、$S$不能同时为1）。

#### 4.2.3.2　主从 JK 触发器

**A　电路结构**

主从JK触发器是为解决主从RS触发器的约束问题而设计的。将图4-14中主从RS触发器的输出端$Q$和$\overline{Q}$分别反馈到$G_7$、$G_8$的输入端，即得到如图4-17所示的主从JK触发器，这样在$CP=1$期间$G_7$、$G_8$的输出不可能同时为0，从触发器的输入就不可能同时为1，也就解除了约束问题。

为了与主从RS触发器有所区别，将$S$端改称$J$端，$R$端改称$K$端，就成了主从JK触发

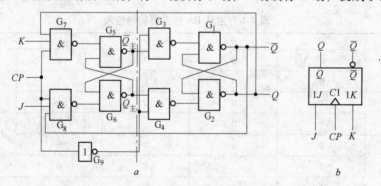

图4-17　主从 JK 触发器的电路结构和逻辑符号

$a$—电路结构；$b$—逻辑符号

器，它也属于下降沿触发型。

B 逻辑功能分析

由于主从 JK 触发是主从 RS 触发器稍加改动得到的，因此其工作原理与主从 RS 触发器相同，两者的区别由电路结构可以看出，仅为 $S = J\overline{Q^n}$ 和 $R = KQ^n$，将此两式代入主从 RS 触发器特性方程式 4-6，即可得出主从 JK 触发器的特性方程为：

$$Q^{n+1} = (J\overline{Q^n} + \overline{K}Q^n) \cdot CP\downarrow \qquad (4-7)$$

由上式可列出主从 JK 触发器的特性表如表 4-7 所示，由特性表可画出主从 JK 触发器的状态转换图如图 4-18 所示。

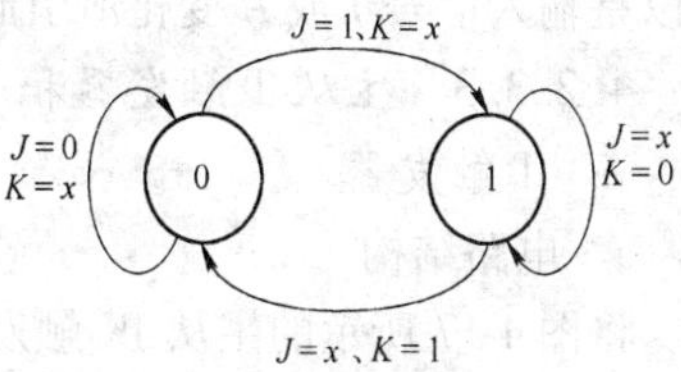

图 4-18 主从 JK 触发器状态转换图

**表 4-7 主从 JK 触发器的特性表**

| CP | $J$ | $K$ | $Q^n$ | $Q^{n+1}$ | 说 明 |
|---|---|---|---|---|---|
| ↓ | 0 | 0 | 0 | 0 | 状态不变 |
| ↓ | 0 | 0 | 1 | 1 | |
| ↓ | 1 | 0 | 0 | 1 | 状态与 J 端相同 |
| ↓ | 1 | 0 | 1 | 1 | |
| ↓ | 0 | 1 | 0 | 0 | |
| ↓ | 0 | 1 | 1 | 0 | |
| ↓ | 1 | 1 | 0 | 1 | 状态翻转 |
| ↓ | 1 | 1 | 1 | 0 | |

从上面的分析可以发现，在 $CP$ 下降沿到达时刻，触发器的状态按照此时触发信号动作，但是如果在 $CP = 1$ 期间，主触发器发生一次状态转移后，输入信号 $J$、$K$ 又发生变化，而主触发器却不会再发生变化（由图 4-17 可以看出：若在 $CP = 0$ 期间，设 $Q = Q^n = 0$、$\overline{Q} = \overline{Q^n} = 1$，则当 $CP$ 跳变到 1 时，因 $Q = 0$，门 $G_7$ 被封锁，输入信号只能从 $J$ 端输入，若此时 $J$ 端输入信号为 1，则主触发器状态 $Q^n = 1$，之后无论 $J$ 如何变化，其状态都不会再改变。同理可分析 $Q = Q^n = 1$、$\overline{Q} = \overline{Q^n} = 0$ 时，门 $G_8$ 被封锁，输入信号只能从 $K$ 端输入的情况），那么，在时钟脉冲下降沿到达时，从触发器接收这一时刻主触发器的状态，就有可能与式 4-7 描述的转移结果不一致。

例如在如图 4-19 所示的主从 JK 触发器的工作波形中第 2、3 个 $CP$ 脉冲下降沿作用时触发器状态转移与状态方程描述的转移结果不一致。这是由于 JK 触发器接收信号的主触发器本身就是一个同步 RS 触发器，在 $CP = 1$ 的全部时间里，输入信号都将对主触发器起控制作用，这时如有干扰将可能造成主触发器误动作，当 $CP$ 下降沿到来时，干扰可能被送入从触发器使输出发生错误。为了使主从 JK 触发器的状态转移与式 4-7 描述完全一致，就要求在 $CP = 1$ 期间，输入激励信号 $J$、$K$ 不发生变化。这就使主从 JK 触发器的使用受到一定限制，从而降低了它的抗干扰能力。

主从 JK 触发器的优点是：主从控制脉冲触发，输入

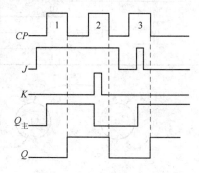

图 4-19 主从 JK 触发器工作波形

信号 $J$、$K$ 之间无约束，功能完善，因而是一种应用起来十分灵活和方便的集成触发器。缺点是：抗干扰能力不强，若干扰信号在 $CP$ 下降沿到来之前输入触发器，则将会造成触发器状态出错。可见，主从 JK 触发器中的主触发器在 $CP=1$ 期间其状态能且只能变化一次，这种变化可以是输入信号 $J$ 或 $K$ 变化所引起的，也可能是干扰脉冲引起的。

### 4.2.3.3　主从 T 触发器和 T′ 触发器

**A　T 触发器**

**a　电路结构**

将图 4-17 所示的主从 JK 触发器的输入端 $J$ 和 $K$ 连接在一起，作为 $T$ 端，则构成了 T 触发器（见图 4-20）。

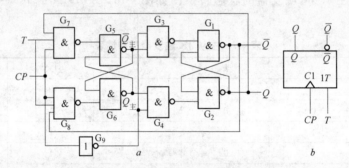

图 4-20　T 触发器的电路结构和逻辑符号

$a$—电路结构；$b$—逻辑符号

**b　逻辑功能分析**

将 $J=K=T$ 代入式 4-7 即可得到 T 触发器的特性方程为：

$$Q^{n+1} = T\overline{Q^n} + TQ^n \tag{4-8}$$

由式 4-8 可以看出其功能特点为：

当 $T=1$ 时，$Q^{n+1} = \overline{Q^n}$，状态翻转；

当 $T=0$ 时，$Q^{n+1} = Q^n$，状态保持。

由以上分析可列出 T 触发器的特性表如表 4-8 所示，由特性表或特性方程可画出 T 触发器的状态转换图如图 4-21 所示。若给出输入信号 $T$ 和 $CP$ 的波形，并设触发器的初态为 0，可画出 T 触发器的工作波形图如图 4-22 所示。

表 4-8　T 触发器的特性表

| $CP$ | $T$ | $Q^n$ | $Q^{n+1}$ | 说　明 |
|---|---|---|---|---|
| ↓ | 0 | 0 | 0 | 保持状态 |
| | 0 | 1 | 1 | |
| | 1 | 0 | 1 | 状态翻转 |
| | 1 | 1 | 0 | |

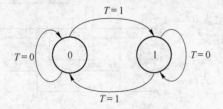

图 4-21　T 触发器状态转移图

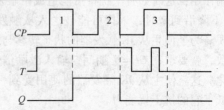

图 4-22　T 触发器的工作波形

B T′触发器

若使 T 触发器的输入信号 $T$ 恒等于 1 便构成 T′触发器，它的特性方程为：

$$Q^{n+1} = \overline{Q^n} \tag{4-9}$$

即每次 $CP$ 信号作用后，触发器必然翻转为与初态相反的状态，也就是处于计数状态的 T 触发器，其特性表为表4-8中 $T=1$ 的部分。

T 触发器具有计数功能（$T=1$ 时）和状态保持功能（$T=0$ 时），因而是一种广泛应用的触发器。在触发器的定型产品中极少生产专门的 T 触发器，它常用 JK 触发器或其他触发器转换而成。

### 4.2.4 维持阻塞边沿 D 触发器

采用主从触发方式可以克服电位触发方式的多次翻转现象，但主从触发器有依次翻转的特性，这就降低了其抗干扰能力。边沿触发器不仅可以克服电位触发方式的多次翻转现象，而且仅仅在时钟 $CP$ 的上升沿或下降沿时刻才对输入激励信号响应，这样大大提高了抗干扰能力。

边沿触发器有 $CP$ 上升沿（前沿）触发和 $CP$ 下降沿（后沿）触发两种形式。

维持阻塞 D 触发器是应用较为普遍的边沿触发器，其输出状态仅取决于 $CP$ 的上升沿到来时 $D$ 的逻辑状态，它是利用直流反馈来维持翻转后新状态的，阻塞触发器在同一时钟内再次产生翻转，抗干扰能力强。

#### 4.2.4.1 电路结构和逻辑符号

维持阻塞 D 触发器的逻辑电路如图4-23$a$ 所示，图4-23$b$ 是它的逻辑符号。

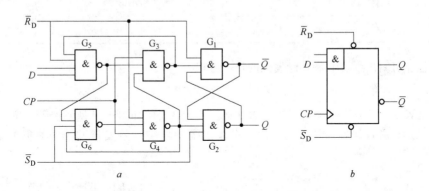

图 4-23 维持阻塞 D 触发器的电路结构和逻辑符号

$a$—电路结构；$b$—逻辑符号

由图4-23可以看出，维持阻塞 D 触发器是在 D 触发器的基础上增设了两个控制门 $G_1$、$G_2$ 和4根直流反馈线组成的。输入信号 $D$ 由控制门 $G_2$ 输入，为了扩展功能常设有直接置位端 $\overline{S}_D$、复位端 $\overline{R}_D$，用于将触发器直接置1或置0，低电平有效。维持阻塞 D 触发器属于上升沿触发翻转的边沿触发器。

#### 4.2.4.2 工作原理

（1）$CP=0$ 时，$G_3$、$G_4$ 门被封锁，$Q_3 = Q_4 = 1$。$G_5$、$G_6$ 组成的基本 RS 触发器维持原来的状态，$Q^{n+1} = Q^n$，此时，$G_1$、$G_2$ 门开启，输入信号 $D$ 可通过 $G_1$、$G_2$ 门，$Q_2 = \overline{DQ_4} = \overline{D}$，$Q_1 = \overline{Q_2Q_3} = D$。

（2）$CP$ 上升沿到来时，$G_3$、$G_4$ 门开启，接收 $G_1$、$G_2$ 门的信号，$Q_3 = \overline{CP Q_1} = \overline{D}$，$Q_4 = \overline{CP Q_2 Q_3} = D$，即 $Q_3$、$Q_4$ 由输入信号 $D$ 的状态决定。触发器状态转移为：

$$Q^{n+1} = \overline{Q_3} + Q_4 Q^n = D + D Q^n = D \tag{4-10}$$

即触发器的输出状态由 $CP$ 上升沿到达前瞬间的输入信号 $D$ 来决定。

设 $CP$ 上升沿到达前 $D=1$，则 $Q_3=0$、$Q_4=1$。$Q_3=0$ 的去向有三路：其一是使 $Q=1$，$\overline{Q}=0$，即使触发器置 1；其二是封住 $G_4$ 门，阻止 $Q_4$ 变成低电平，即阻塞置 0 信号的产生；其三是封住 $G_1$ 门，保证 $Q_1=1$ 以维持 $CP=1$ 期间 $Q_3=0$，也就是维持置 1 信号的产生。只要这种维持置 1、阻塞置 0 作用发挥，在 $CP=1$ 期间，$D$ 的任何变化将不会影响触发器的置 1。

设 $CP$ 上升沿到达前，$D=0$，则 $Q_3=1$、$Q_4=0$；同样，$Q_4=0$，一方面使 $\overline{Q}=1$，$Q=0$，即触发器置 0，另一方面通过维持置 0、阻塞置 1 作用，使在 $CP=1$ 期间，$D$ 的任何变化将不会影响触发器的置 0。

综上可见，在 $CP$ 的上升沿到来时，触发器的输出状态与此时刻输入信号 $D$ 的状态相同，即 $Q^{n+1}=D$。由于电路的维持阻塞作用，使在 $CP=1$ 的全部时间里，$D$ 的状态改变将不会影响触发器的输出状态。维持阻塞 D 触发器具有边沿触发的功能，并有效防止了空翻。

### 4.2.4.3　逻辑功能表示

由上述分析可列出维持阻塞 D 触发器的特性表如表 4-9 所示。

**表 4-9　维持阻塞 D 触发器的特性表**

| $CP$ | $D$ | $Q^n$ | $Q^{n+1}$ | 说　明 |
|:---:|:---:|:---:|:---:|:---:|
| ↱ | 0 | × | 0 | 输出状态与 $D$ 相同 |
|  | 1 | × | 1 | |

由特性表可写出维持阻塞 D 触发器的特性方程为：

$$Q^{n+1} = [D] \cdot CP\uparrow \tag{4-11}$$

由特性表或特性方程可画出维持阻塞 D 触发器的状态图如图 4-24 所示。若给定 $CP$ 和输入信号 $D$ 的波形，并设触发器初态为 0 时，可画出维持阻塞 D 触发器的工作波形如图 4-25 所示。

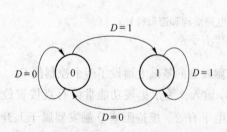

图 4-24　维持阻塞 D 触发器状态转移图

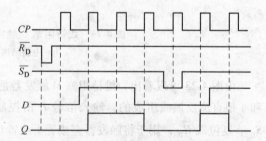

图 4-25　维持阻塞 D 触发器的工作波形

## 4.2.5　触发器的脉冲工作特性

触发器的脉冲工作特性是指触发器对时钟脉冲、输入信号以及它们之间相互配合的时间关系的要求。掌握这种工作特性对触发器的应用非常重要。

### 4.2.5.1 维持阻塞 D 触发器的脉冲工作特性

在 $CP$ 上跳沿到来时，$G_3$、$G_4$ 门将根据 $G_5$、$G_6$ 门的输出状态控制触发器翻转。因此在 $CP$ 上跳沿到达之前，$G_5$、$G_6$ 门必须要有稳定的输出状态。而从信号加到 $D$ 端开始到 $G_5$、$G_6$ 门的输出稳定下来，需要经过一段时间，称这段时间为触发器的建立时间 $t_{set}$（图 4-26），即输入信号必须比 $CP$ 脉冲早 $t_{set}$ 时间到达。由图 4-23 可以看出，该电路的建立时间为两级与非门的延迟时间，即 $t_{set} = 2t_{pd}$。

其次，为使触发器可靠翻转，信号 $D$ 还必须维持一段时间，通常称在 $CP$ 触发沿到来后输入信号需要维持的时间为触发器的保持时间 $t_H$。当 $D = 0$ 时，0 信号必须维持到 $Q_3$ 由 1 变 0 后将 $G_5$ 封锁为止，若在此之前 $D$ 变为 1，则 $Q_5$ 变为 0，将引起触发器误触发。所以 $D = 0$ 时的保持时间 $t_H = t_{pd}$。当 $D = 1$ 时，$CP$ 上跳沿到达后，经过 $t_{pd}$ 的时间 $Q_4$ 变 0，将 $G_6$ 封锁。但若 $D$ 信号变化，传到 $G_6$ 的输入端也同样需要 $t_{pd}$ 的时间，所以 $D = 1$ 时的保持时间 $t_H = 0$。综合以上两种情况，取 $t_H = t_{pd}$。

另外，为保证触发器可靠翻转，$CP = 1$ 的状态也必须保持一段时间，直到触发器的 $Q$、$\overline{Q}$ 端电平稳定，这段时间称为触发器的维持时间 $t_{CPH}$。一般把从时钟脉冲触发沿开始到一个输出端由 0 变 1 所需的时间称为 $t_{CPLH}$；把从时钟脉冲触发沿开始到另一个输出端由 1 变 0 所需的时间称为 $t_{CPHL}$。由图 4-23 可以看出，该电路的 $t_{CPLH} = 2t_{pd}$，$t_{CPHL} = 3t_{pd}$，所以触发器的 $t_{CPH} \geqslant t_{CPLH} = 3t_{pd}$。图 4-26 表示出了上述几个时间参数的相互关系。

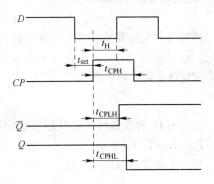

图 4-26 维持阻塞 D 触发器的脉冲工作特性

### 4.2.5.2 主从 JK 触发器的脉冲工作特性

在图 4-17a 所示的主从 JK 触发器电路中，当时钟脉冲 $CP$ 上跳沿到达时，输入信号 $J$、$K$ 进入主触发器，由于 $J$、$K$ 和 $CP$ 同时接到 $G_7$、$G_8$ 门，所以 $J$、$K$ 信号只要不迟于 $CP$ 上跳沿即可，所以，$t_{set} = 0$。

由图 4-17a 可知，在 $CP$ 上跳沿到达后，要经过三级与非门的延迟时间，主触发器才翻转完毕。所以 $t_{CPH} \geqslant 3t_{pd}$。

等 $CP$ 下跳沿到达后，从触发器翻转，主触发器立即被封锁，所以，输入信号 $J$、$K$ 可以不再保持，即 $t_H = 0$。

从 $CP$ 下跳沿到达到触发器输出状态稳定，也需要一定的传输时间，即 $CP = 0$ 的状态也必须保持一段时间，这段时间称为 $t_{CPL}$。由图 4-17 可以看出，该电路的 $t_{CPLH} = 2t_{pd}$，$t_{CPHL} = 3t_{pd}$，所以触发器的 $t_{CPL} \geqslant t_{CPHL} = 3t_{pd}$。

综上所述，主从 JK 触发器要求 $CP$ 的最小工作周期 $T_{min} = t_{CPH} + t_{CPL}$。图 4-27 表示出了上述几个时间参数的相互关系。

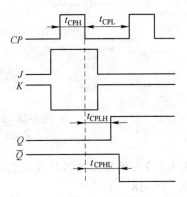

图 4-27 主从 JK 触发器的脉冲工作特性

# 4.3　触发器的逻辑功能及其描述方法

### 4.3.1　触发器按逻辑功能的分类

触发器按功能分有 RS、JK、D、T、T′五种类型，但最常见的集成触发器是 JK 触发器和 D 触发器，T、T′触发器没有集成产品，如需要时，可用其他触发器转换成 T 或 T′触发器，JK 触发器与 D 触发器之间的功能也是可以互相转换的。

### 4.3.2　不同触发器逻辑功能的转换

#### 4.3.2.1　用 JK 触发器转换成其他功能的触发器

A　JK→D

写出 JK 触发器的特性方程：

$$Q^{n+1} = J\,\overline{Q^n} + \overline{K}Q^n$$

再写出 $D$ 触发器的特性方程并变换：

$$Q^{n+1} = D = D(\overline{Q^n} + Q^n) = D\,\overline{Q^n} + DQ^n$$

比较以上两式得：

$$J = D, \quad K = \overline{D}$$

画出用 JK 触发器转换成 D 触发器的逻辑图如图 4-28$a$ 所示。

B　JK→T(T′)

写出 T 触发器的特性方程：

$$Q^{n+1} = T\,\overline{Q^n} + \overline{T}Q^n$$

与 JK 触发器的特性方程比较得：$J = T, \quad K = T$。

画出用 JK 触发器转换成 T 触发器的逻辑图如图 4-28$b$ 所示。

令 $T = 1$，即可得 T′触发器，如图 4-28$c$ 所示。

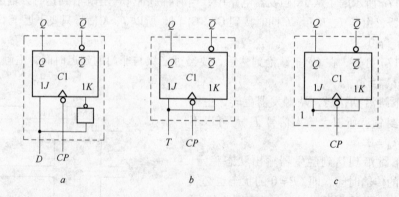

图 4-28　JK 触发器转换成功能的触发器

$a$—JK→D；$b$—JK→T；$c$—JK→T′

#### 4.3.2.2　用 D 触发器转换成其他功能的触发器

A　D→JK

写出 D 触发器和 JK 触发器的特性方程：

$$Q^{n+1} = D$$

$$Q^{n+1} = J\overline{Q^n} + \overline{K}Q^n$$

联立两式,得:
$$D = J\overline{Q^n} + \overline{K}Q^n$$

画出用 D 触发器转换成 JK 触发器的逻辑图如图 4-29$a$ 所示。

B  D→T

写出 D 触发器和 T 触发器的特性方程:

$$Q^{n+1} = D$$

$$Q^{n+1} = T\overline{Q^n} + \overline{T}Q^n$$

联立两式,得:
$$D = T\overline{Q^n} + \overline{T}Q^n = T \oplus Q^n$$

画出用 D 触发器转换成 T 触发器的逻辑图如图 4-29$b$ 所示。

C  D→T′

写出 D 触发器和 T′触发器的特性方程:

$$Q^{n+1} = D$$

$$Q^{n+1} = \overline{Q^n}$$

联立两式,得:
$$D = \overline{Q^n}$$

画出用 D 触发器转换成 T′触发器的逻辑图如图 4-29$c$ 所示。

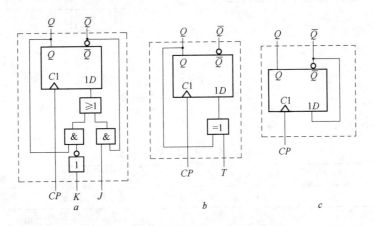

图 4-29  D 触发器转换成功能的触发器

$a$—D→JK;  $b$—D→T;  $c$—D→T′

# 4.4  集成触发器

## 4.4.1  集成触发器的主要参数

### 4.4.1.1  直流参数

(1) 电源电流 $I_{CC}$:指空载功耗电流。

(2) 低电平输入电流 $I_{IL}$:指输入被短路时的电流。

(3) 高电平输入电流 $I_{IH}$:将各输入端接高电平($V_{DD}$)时的输入电流。

（4）输出高电平 $V_{\mathrm{OH}}$ 和输出低电平 $V_{\mathrm{OL}}$：$Q$ 或 $\overline{Q}$ 输出高电平时的对地电压值为 $V_{\mathrm{OH}}$，输出低电平时的对地电压值为 $V_{\mathrm{OL}}$。

#### 4.4.1.2　开关参数

（1）最高时钟频率 $f_{\max}$。

（2）对时钟信号的延迟时间（$t_{\mathrm{CPLH}}$、$t_{\mathrm{CPHL}}$）。

（3）对直接置 0（$R_{\mathrm{D}}$）或置 1（$S_{\mathrm{D}}$）的延迟时间。

### 4.4.2　集成触发器举例

#### 4.4.2.1　TTL 主从 JK 触发器 74LS72

74LS72 为多输入端的单 JK 触发器，它有 3 个 $J$ 端和 3 个 $K$ 端，3 个 $J$ 端之间是与逻辑关系，3 个 $K$ 端之间也是与逻辑关系，如图 4-30 所示。使用中如有多余的输入端，应将其接高电平。该触发器带有直接置 0 端 $R_{\mathrm{D}}$ 和直接置 1 端 $S_{\mathrm{D}}$，都为低电平有效，不用时应接高电平。74LS72 为主从型触发器，$CP$ 下跳沿触发。

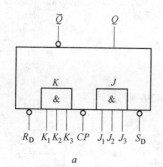 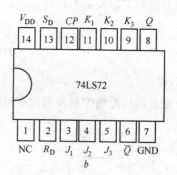

图 4-30　TTL 主从 JK 触发器 74LS72

a—逻辑符号；b—引脚排列图

74LS72 的功能表如表 4-10 所示。

表 4-10　74LS72 的功能表

| 输　入 | | | | | 输　出 | |
| --- | --- | --- | --- | --- | --- | --- |
| $R_{\mathrm{D}}$ | $S_{\mathrm{D}}$ | $CP$ | $J$ | $K$ | $Q$ | $\overline{Q}$ |
| 0 | 1 | × | × | × | 0 | 1 |
| 1 | 0 | × | × | × | 1 | 0 |
| 1 | 1 | ↓ | 0 | 0 | $Q^n$ | $\overline{Q}^n$ |
| 1 | 1 | ↓ | 0 | 1 | 0 | 1 |
| 1 | 1 | ↓ | 1 | 0 | 1 | 0 |
| 1 | 1 | ↓ | 1 | 1 | $\overline{Q}^n$ | $Q^n$ |

#### 4.4.2.2　高速 CMOS 边沿 D 触发器 74HC74

74HC74 为单输入端的双 D 触发器。一个片子里封装着两个相同的 D 触发器，每个触发器只有一个 D 端，它们都带有直接置 0 端 $R_{\mathrm{D}}$ 和直接置 1 端 $S_{\mathrm{D}}$，为低电平有效，$CP$ 上升沿触发。74HC74 的逻辑符号和引脚排列分别如图 4-31a 和图 4-31b 所示。

74HC74 的功能表如表 4-11 所示。

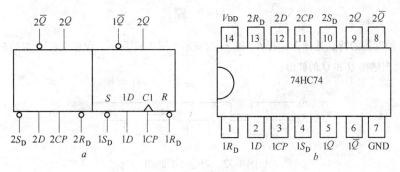

图 4-31　高速 CMOS 边沿触发器 74HC74

a—逻辑符号；b—引脚排列图

**表 4-11　74HC74 的功能表**

| 输　　入 | | | | 输　　出 | |
|---|---|---|---|---|---|
| $R_D$ | $S_D$ | $CP$ | $D$ | $Q$ | $\overline{Q}$ |
| 0 | 1 | × | × | 0 | 1 |
| 1 | 0 | × | × | 1 | 0 |
| 1 | 1 | ↑ | 0 | 0 | 1 |
| 1 | 1 | ↑ | 1 | 1 | 0 |

　　触发器的应用非常广泛，是时序逻辑电路的重要组成部分，典型电路将在下一章介绍。

# 4.5　本章小结

　　（1）触发器的基本性质。触发器是数字系统中的一种基本时序逻辑器件。它有两个稳定状态——"0"态和"1"态，在一定的外界信号作用下，可以从一个稳定状态转变为另一个稳定状态；无外界信号作用时，它将维持原来的稳定状态不变。因此，它具有存储记忆功能。

　　（2）触发器的逻辑功能及其描述方法。触发器的逻辑功能是指它的次态输出与现态、输入信号之间的逻辑关系。触发器的基本逻辑功能是：置"0"、置"1"、保持、翻转。描述其逻辑功能的方法有：状态转移真值表，状态方程、状态图、激励表（驱动表）、波形图（时序图）。

　　（3）触发器按逻辑功能分类有 RS、D、JK、T、T′几种类型，各种类型的触发器可以相互转换。

　　（4）触发器按结构形式和触发方式分类有：1）基本触发器（无钟控）电平触发方式；2）钟控触发器：同步触发器（有空翻）电平触发方式，主从触发器（无空翻，有一次翻转现象）脉冲触发方式，维持阻塞触发器（无空翻，无一次翻转现象）边沿触发。

　　应该注意，触发器的逻辑功能和结构形式是两个不同的概念。同样一种类型的触发器，可以用不同的电路结构形式来实现。反之，同一种电路结构形式，可以构成具有不同功能的各种类型触发器。

## 习 题

4-1 基本 RS 触发器的特点是什么，若 $\overline{R}_D$ 和 $\overline{S}_D$ 的波形如图 4-32 所示，设触发器 $Q$ 端的初始状态为 0，试对应画出输出 $Q$ 和 $\overline{Q}$ 的波形。

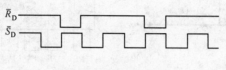

图 4-32  习题 4-1 的图

4-2 由或非门构成的基本 RS 触发器及其逻辑符号如图 4-33 所示，试分析其逻辑功能，并根据 $R$ 和 $S$ 的波形对应画出 $Q$ 和 $\overline{Q}$ 的波形。设触发器 $Q$ 端的初始状态为 0。

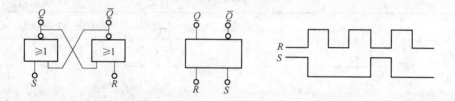

图 4-33  习题 4-2 的图

4-3 与基本 RS 触发器相比，同步 RS 触发器的特点是什么，设同步 RS 触发器 $C$、$R$、$S$ 的波形如图 4-34 所示，触发器 $Q$ 端的初始状态为 0，试对应画出 $Q$、$\overline{Q}$ 的波形。

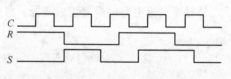

图 4-34  习题 4-3 的图

4-4 如图 4-35 所示为由时钟脉冲 $C$ 的上升沿触发的主从 JK 触发器的逻辑符号及 $C$、$J$、$K$ 的波形，设触发器 $Q$ 端的初始状态为 0，试对应画出 $Q$、$\overline{Q}$ 的波形。

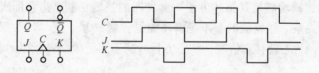

图 4-35  习题 4-4 的图

4-5 如图 4-36 所示为由时钟脉冲 $C$ 的上升沿触发的 D 触发器的逻辑符号及 $C$、$D$ 的波形，设触发器 $Q$ 端的初始状态为 0，试对应画出 $Q$、$\overline{Q}$ 的波形。

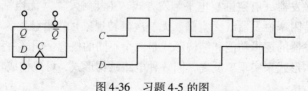

图 4-36  习题 4-5 的图

4-6　试画出在时钟脉冲 $C$ 作用下如图 4-37 所示电路 $Q_0$、$Q_1$ 的波形，设触发器 $F_0$、$F_1$ 的初始状态均为 0。如果时钟脉冲 $C$ 的频率为 4000Hz，则 $Q_0$、$Q_1$ 的频率各为多少？

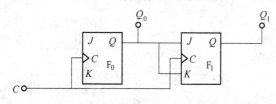

图 4-37　习题 4-6 的图

4-7　电路及 $C$ 和 $D$ 的波形如图 4-38 所示，设电路的初始状态为 $Q_0Q_1 = 00$，试对应画出 $Q_0$、$Q_1$ 的波形。

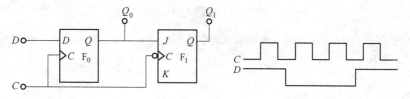

图 4-38　习题 4-7 的图

4-8　在如图 4-39 所示电路中，设触发器 $F_0$、$F_1$ 的初始状态均为 0，试画出在图中所示 $C$ 和 $X$ 的作用下 $Q_0$、$Q_1$ 和 $Y$ 的波形。

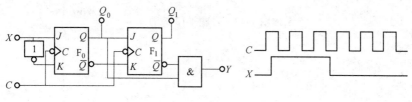

图 4-39　习题 4-8 的图

4-9　如图 4-40 所示电路为循环移位寄存器，设电路的初始状态为 $Q_0Q_1Q_2Q_3 = 0001$，列出该电路的状态表，并画出 $Q_0$、$Q_1$、$Q_2$ 和 $Q_3$ 的波形。

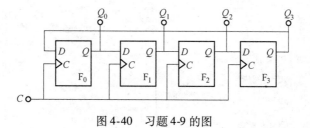

图 4-40　习题 4-9 的图

4-10　如图 4-41 所示电路为由 JK 触发器组成的移位寄存器，设电路的初始状态为 $Q_0Q_1Q_2Q_3 = 0000$，列

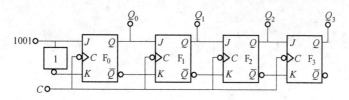

图 4-41　习题 4-10 的图

出该电路输入数码 1001 的状态表，并画出 $Q_0 \sim Q_3$ 的波形图。

4-11　设如图 4-42 所示电路的初始状态为 $Q_0 Q_1 Q_2 = 000$。列出该电路的状态表，并画出其波形图。

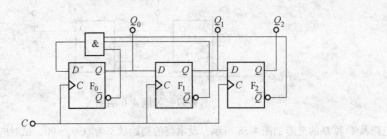

图 4-42　习题 4-11 的图

4-12　如图 4-43 所示电路是用施密特触发器构成的单稳态触发器，试分析电路的工作原理，并画出 $u_i$、$u_A$、$u_o$ 的波形。

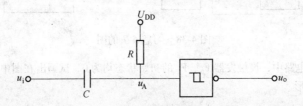

图 4-43　习题 4-12 的图

# 5 时序逻辑电路的分析与设计

时序逻辑电路分为同步时序逻辑电路和异步时序逻辑电路两大类，共同的基本器件是触发器，因此时序逻辑电路具有记忆功能，这是时序逻辑电路和组合逻辑电路在功能上的最大区别。本章从时序逻辑电路的结构特点入手，着重叙述了时序逻辑电路的分析方法、计数器和寄存器的分析和设计方法，为应用打下一定基础。现代数字系统越来越广泛地应用集成电路，因此，本章还对一些中规模集成电路芯片及其典型应用例子加以介绍，以提高读者对数字电路的综合应用能力。

## 5.1 时序逻辑电路概述

### 5.1.1 时序逻辑电路的结构特点

时序逻辑电路的基本特点是任一时刻的输出信号不仅取决于该时刻的输入信号，还取决于电路原来的状态。时序逻辑电路的框图如图 5-1 所示。图中 $X(x_1、x_2、\cdots、x_n)$ 代表输入信号，$Z(z_1、z_2、\cdots、z_m)$ 代表输出信号，$Y(y_1、y_2、\cdots、y_k)$ 代表存储电路的输入信号，$Q(q_1、q_2、\cdots、q_j)$ 代表存储电路的输出信号。由图可知，时序电路的结构具有两个特点：

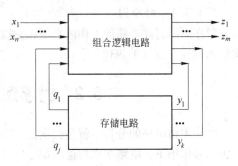

图 5-1  时序逻辑电路框图

（1）时序电路往往由组合逻辑电路和存储电路组成，而且存储电路是必不可少的。

（2）存储电路的输出反馈到输入端，与输入信号共同决定组合逻辑电路的输出。它们之间的关系可以用下面的逻辑关系式或者向量函数形式来表示。

逻辑关系为：

$$\begin{cases} z_m = f_m(x_1, x_2, \cdots, x_n, q_1^n, q_2^n, \cdots, q_j^n) \\ y_k = g_k(x_1, x_2, \cdots x_n, q_1^n, q_2^n, \cdots, q_j^n) \\ q_j^{n+1} = h_j(y_1, y_2, \cdots, y_k, q_1^n, q_2^n, \cdots, q_j^n) \end{cases} \quad (5\text{-}1)$$

写成向量函数的形式是：

$$\begin{cases} \boldsymbol{Z} = F(X, Q^n) \\ \boldsymbol{Y} = G(X, Q^n) \\ \boldsymbol{Q}^{n+1} = H(Y, Q^n) \end{cases} \quad (5\text{-}2)$$

### 5.1.2 时序逻辑电路的分类

根据存储电路（即触发器）状态变化的特点，时序逻辑电路分为同步时序逻辑电路和异步时序逻辑电路两大类。在同步时序逻辑电路中，所有存储单元状态的变化都是在同一时钟信号操作下同时发生的，各个触发器的时钟脉冲相同。而在异步时序逻辑电路中，存储单元状态的变化不是同时发生的,可能有一部分电路有公共的时钟信号,也可能完全没有公共的时钟信号。

### 5.1.3　时序逻辑电路的表示方法

时序电路的逻辑功能除了用逻辑方程即状态方程、输出方程和驱动方程等方程式表示之外,还可以用状态表、状态图、时序图等来表示。状态表、状态图、时序图都是描述时序电路状态转换全部过程的方法,它们之间是可以相互转换的。

#### 5.1.3.1　逻辑方程

向量函数式5-2又称为逻辑方程,逻辑方程的一般形式为:

$$\begin{cases} Z = F(X, Q^n) \\ Y = G(X, Q^n) \\ Q^{n+1} = H(Y, Q^n) \end{cases} \tag{5-3}$$

#### 5.1.3.2　状态转移表

状态转移表也称状态迁移表或状态表,是用列表的方式来描述时序逻辑电路输出 $Z$、次态 $Q^{n+1}$ 和外部输入 $X$、现态 $Q^n$ 之间的逻辑关系。

#### 5.1.3.3　状态转移图

状态转移图也称状态图,是用几何图形的方式来描述时序逻辑电路输入 $X$、输出 $Z$ 以及状态转移规律之间的逻辑关系。

#### 5.1.3.4　时序图

时序图即时序电路的工作波形图,它以波形的形式描述时序电路内部状态 $Q$、外部输出 $Z$ 随输入信号 $X$ 变化的规律。

## 5.2　时序逻辑电路的分析方法

时序逻辑电路的分析,就是根据给定时序逻辑电路图,找出该时序逻辑电路在输入信号及时钟信号作用下,电路状态与输出信号的变化规律,从而了解时序逻辑电路的逻辑功能。

时序逻辑电路分析方法如下:

(1) 写方程式。根据给定逻辑图,写出时序电路的输出方程和各触发器的驱动方程。

(2) 求状态方程。将驱动方程代入所用触发器的特征方程,获得时序电路的状态方程。

(3) 列状态表、画状态图和时序图。根据时序电路的状态方程和输出方程,建立状态转移表;由状态转移表画状态图,进而画出波形图。

(4) 说明电路的逻辑功能。

### 5.2.1　同步时序逻辑电路分析举例

[例 5-1]　分析如图 5-2 所示同步时序逻辑电路的逻辑功能。

**解:**

(1) 写方程式。

各触发器的驱动方程为:

$$\begin{cases} J_0 = K_0 = 1 \\ J_1 = K_1 = X \oplus Q_0^n \end{cases} \tag{5-4}$$

时序电路的输出方程为:

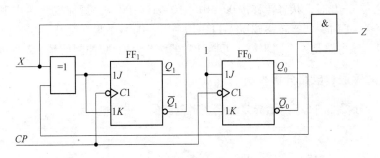

图 5-2 例 5-1 的电路图

$$Z = X\,\overline{Q_1^n}\,\overline{Q_0^n} \tag{5-5}$$

（2）求状态方程。

将驱动方程代入触发器的特性方程并化简，得：

$$\begin{cases} Q_1^{n+1} = J_1\,\overline{Q_1^n} + \overline{K_1}Q_1^n = (X \oplus Q_0^n)\,\overline{Q_1^n} + \overline{X \oplus Q_0^n}Q_1^n = X \oplus Q_0^n \oplus Q_1^n \\ Q_0^{n+1} = J_0\,\overline{Q_0^n} + \overline{K_0}Q_0^n = \overline{Q_0^n} \end{cases} \tag{5-6}$$

（3）列状态表、画状态图和时序图。

由上述状态方程可列出逻辑电路的状态表如表 5-1 所示，由此，可画出电路的状态图（图 5-3）和时序图（图 5-4）。

表 5-1 例 5-1 的状态表

| 输入 $X$ | 现态 $Q_1^n Q_0^n$ | 次态 $Q_1^{n+1} Q_0^{n+1}$ | 输出 $Z$ |
|---|---|---|---|
| 0 | 0  0 | 0  1 | 0 |
| 0 | 0  1 | 1  0 | 0 |
| 0 | 1  0 | 1  1 | 0 |
| 0 | 1  1 | 0  0 | 0 |
| 1 | 0  0 | 1  1 | 1 |
| 1 | 0  1 | 0  0 | 0 |
| 1 | 1  0 | 0  1 | 0 |
| 1 | 1  1 | 1  0 | 0 |

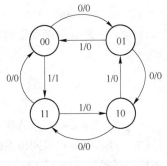

图 5-3 例 5-1 的状态图

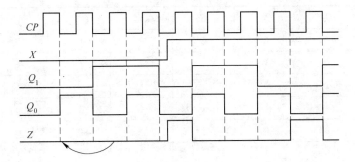

图 5-4 例 5-1 的时序图

（4）说明电路的逻辑功能。

当外部输入 $X=0$ 时，状态转移按 $00 \rightarrow 01 \rightarrow 10 \rightarrow 11 \rightarrow 00 \rightarrow \cdots$ 规律变化，实现模 4 加法计数器的功能；当 $X=1$ 时，状态转移按 $00 \rightarrow 11 \rightarrow 10 \rightarrow 01 \rightarrow 00 \rightarrow \cdots$ 规律变化，实现模 4 减法计数器的功能。所以，该电路是一个同步模 4 可逆计数器。$X$ 为加/减控制信号，$Z$ 为进/借位输出。

### 5.2.2　异步时序逻辑电路分析举例

[例 5-2]　分析如图 5-5 所示异步时序逻辑电路的逻辑功能。

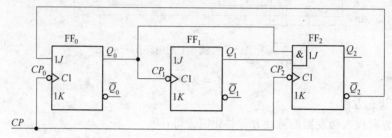

图 5-5　例 5-2 的电路图

（1）写方程式。

各触发器的驱动方程为：

$$\begin{cases} J_0 = \overline{Q_2^n} & K_0 = 1 \\ J_1 = K_1 = 1 & \\ J_2 = Q_1^n Q_0^n & K_2 = 1 \end{cases} \tag{5-7}$$

（2）求状态方程。

将驱动方程代入触发器的特性方程并化简，得：

$$\begin{cases} Q_0^{n+1} = \overline{Q_2^n}\,\overline{Q_0^n} & CP \downarrow \\ Q_1^{n+1} = \overline{Q_1^n} & Q_0 \downarrow \\ Q_2^{n+1} = \overline{Q_2^n} Q_1^n Q_0^n & CP \downarrow \end{cases} \tag{5-8}$$

（3）列状态表、画状态图和时序图。

由上述状态方程可列出逻辑电路的状态表如表 5-2 所示，由此，可画出电路的状态图（图 5-6）和时序图（图 5-7）。

表 5-2　例 5-2 的状态表

| $Q_2^n$ | $Q_1^n$ | $Q_0^n$ | $CP$ | $Q_0$ | $Q_2^{n+1}$ | $Q_1^{n+1}$ | $Q_0^{n+1}$ |
|---|---|---|---|---|---|---|---|
| 0 | 0 | 0 | ↓ | ↑ | 0 | 0 | 1 |
| 0 | 0 | 1 | ↓ | ↓ | 0 | 1 | 0 |
| 0 | 1 | 0 | ↓ | ↑ | 0 | 1 | 1 |
| 0 | 1 | 1 | ↓ | ↓ | 1 | 0 | 0 |
| 1 | 0 | 0 | ↓ | — | 0 | 0 | 0 |
| 1 | 0 | 1 | ↓ | ↓ | 0 | 1 | 0 |
| 1 | 1 | 0 | ↓ | — | 0 | 1 | 0 |
| 1 | 1 | 1 | ↓ | ↓ | 0 | 0 | 0 |

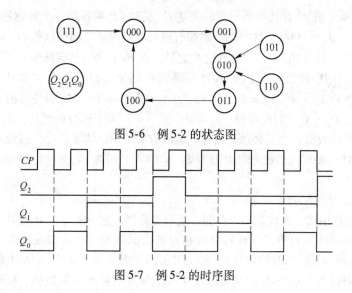

图 5-6　例 5-2 的状态图

图 5-7　例 5-2 的时序图

（4）说明电路的逻辑功能。

综上分析得知，该电路是一个异步五进制（模 5）加法计数器电路，且电路具有自启动功能。

## 5.3　常用的时序逻辑电路

### 5.3.1　数码寄存器和移位寄存器

在数字电路中，用来存放一组二进制数据或代码的电路称为寄存器。寄存器是由具有存储功能的触发器和门电路组合起来构成的。一个触发器可以存储 1 位二进制代码，存放 $n$ 位二进制代码的寄存器，需用 $n$ 个触发器来构成。按照功能的不同，寄存器分为数码寄存器（基本寄存器）和移位寄存器两大类。

#### 5.3.1.1　数码寄存器

A　双拍接收方式数码寄存器

图 5-8 是由基本 RS 触发器组成的四位双拍接收方式数码寄存器的逻辑电路图。其工作过程如下：

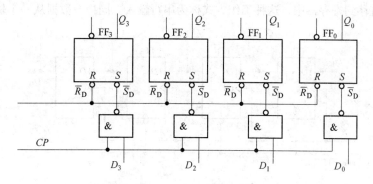

图 5-8　双拍接收方式数码寄存器

（1）清零（第 1 拍）。在接收数码之前先在 $\overline{R}_D$ 端和 $CP$ 端各加一个负脉冲，此时 RS 触发器复位，即 $Q_3Q_2Q_1Q_0 = 0000$，这一拍清除原有数码，以保证正确接收数码。

（2）接收数码（第 2 拍）。清零工作完成之后，在 $\overline{R}_D$ 端和 $CP$ 端都加上正脉冲，则 4 个与非门都打开，$D_3D_2D_1D_0$ 通过与非门进入寄存器保存起来。假设待存的数码是 $D_3D_2D_1D_0 = 1001$，$FF_3$ 触发器的 $\overline{R}_D = 1$、$\overline{S}_D = 0$，使 $FF_3$ 置 1，即 $Q_3 = 1$；$FF_2$ 触发器的 $\overline{R}_D = 1$、$\overline{S}_D = 1$，使 $FF_2$ 保持，即 $Q_2 = 0$；同理可得，$Q_1 = 0$，$Q_0 = 1$。由上述分析可见，第 2 拍是用来接收数据的。注意，在接收数码之前必须先清零，若没有第 1 拍的清零信号，假设寄存器原来存放的信号为 0110，此时要存入的数据是 $D_3D_2D_1D_0 = 1001$，因为 $FF_2$ 和 $FF_1$ 的状态保持不变，会出现错误的结果 1111。

　　B　单拍接收方式数码寄存器

图 5-9 是 4 位单拍接收方式数码寄存器的逻辑电路图。它由 4 个上升沿 D 触发器组成，其数据输入和输出均采用并行方式，即各位寄存器的数据从相应输入端或输出端同时输入或输出。$CP$ 是时钟脉冲信号。当时钟信号 $CP$ 的上升沿到来时，输入端 $D_3 \sim D_0$ 上的数据并行送入 4 个 D 触发器，而输出端 $Q_3 \sim Q_0$ 的状态取决于对应触发器输入端的数据。在时钟脉冲上升沿到来以后，直到下一个时钟脉冲上升沿到来之前，各触发器输出端的状态均保持原态而不受输入状态的影响，因此，这种寄存器的输入端具有很强的抗干扰能力。

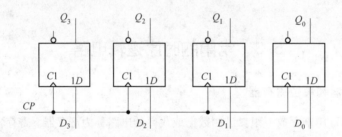

图 5-9　单拍接收方式数码寄存器

### 5.3.1.2　移位寄存器

移位寄存器是计算机及数字电路中的一个重要逻辑器件，它不仅具有存放数据的功能，而且还能在时钟信号控制下使寄存器的数据依次向左或向右移位。

　　A　单向移位寄存器

图 5-10 所示为 D 触发器组成的 4 位单向移位寄存器。数据从左端输入，按时钟脉冲的工作节拍，依次右移到寄存器中，这种工作方式称为串行输入。同样，数据从一个输出端输出的

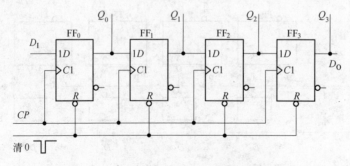

图 5-10　D 触发器构成的右移移位寄存器

方式称为串行输出。其工作过程如下：

（1）首先寄存器清零，令 $R = 0$，这时寄存器的状态 $Q_3 Q_2 Q_1 Q_0 = 0000$。

（2）假设寄存的二进制数为 1011，当第 1 个移位脉冲（上升沿）到来时，数据的最高位 1 通过数据输入端送入到最低位触发器 $FF_0$，$Q_0$ 翻转为 1，相当于数据 1011 的最高位 1 右移进入寄存器，而其他触发器仍保持 0 态。

（3）当第 2 个移位脉冲到来时，因触发器 $FF_1$ 输入端 $D_1 = Q_0$，则 $Q_1 = 1$，即数据的最高位右移进入 $FF_1$ 触发器；数据的次高位 0 通过 $D_1$ 端送入到最低位触发器 $FF_0$，$Q_0$ 翻转为 0，而 $FF_2$、$FF_3$ 仍保持 0 态。依此类推，经过 4 个移位脉冲后，数据全部存入寄存器，此时寄存器的状态为 $Q_3 Q_2 Q_1 Q_0 = 1011$，由此可列出寄存器的状态表，见表 5-3。

**表 5-3 D 触发器构成的右移移位寄存器的状态表**

| 移位脉冲数 | 寄存器的状态 | | | | 移位过程 |
|---|---|---|---|---|---|
| | $Q_3$ | $Q_2$ | $Q_1$ | $Q_0$ | |
| 0 | 0 | 0 | 0 | 0 | 清 零 |
| 1 | 0 | 0 | 0 | 1 | 右移 1 位 |
| 2 | 0 | 0 | 1 | 0 | 右移 2 位 |
| 3 | 0 | 1 | 0 | 1 | 右移 3 位 |
| 4 | 1 | 0 | 1 | 1 | 右移 4 位 |

如果再输入 4 个移位脉冲，则寄存器所存放的 1011 将逐位从 $Q_3$ 端串行输出，或者在寄存器状态为 1011 时，从 4 个输出端 $Q_3 Q_2 Q_1 Q_0$ 直接得到并行的输出数据，可见，该移位寄存器可工作在串行或并行数据输出方式下。

B 双向移位寄存器

双向移位寄存器是既可以左移又可以右移的移位寄存器，其典型代表是 4 位双向移位寄存器定型产品 74LS194，74LS194 的工作原理及逻辑功能将在后面详细讲述。

5.3.1.3 集成寄存器 74LS175、74LS194

A 集成寄存器 74LS175

集成寄存器 74LS175 是由 D 触发器组成的 4 位基本寄存器，其逻辑符号如图 5-11 所示，其功能表见表 5-4。

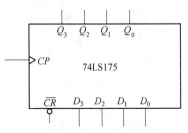

图 5-11 74LS175 的逻辑符号

**表 5-4 集成移位寄存器 74LS175 的功能表**

| 输 入 | | | | | | 输 出 | | | |
|---|---|---|---|---|---|---|---|---|---|
| $\overline{CR}$ | $CP$ | $D_3$ | $D_2$ | $D_1$ | $D_0$ | $Q_3$ | $Q_2$ | $Q_1$ | $Q_0$ |
| 0 | × | × | × | × | × | 0 | 0 | 0 | 0 |
| 1 | ↑ | $D_3$ | $D_2$ | $D_1$ | $D_0$ | $D_3$ | $D_2$ | $D_1$ | $D_0$ |
| 1 | 1 | × | × | × | × | 保 持 | | | |
| 1 | 0 | × | × | × | × | 保 持 | | | |

从上表可以看出，74LS175 的功能如下：

（1）异步清零。当清零输入端 $\overline{CR}$ 为 0 时，它的各输出端均输出 0，且不需与时钟 $CP$ 同步。在其他工作方式 $\overline{CR}$ 应为 1。

（2）并行工作方式。当 $\overline{CR}$ = 1 且时钟脉冲 $CP$ 到来时，寄存器工作在并行输入方式，将并行输入数据 $D_3D_2D_1D_0$ 送到输出端。

（3）保持。当 $\overline{CR}$ = 1，但时钟脉冲 $CP$ 没有到来时，寄存器保持原有的状态。

B　集成寄存器 74LS194

74LS194 是 4 位双向移位寄存器，也是一种常用的中规模集成时序逻辑器件。74LS194 寄存器的逻辑符号如图 5-12 所示。图中，$\overline{CR}$ 是异步清零端；$CP$ 是移位脉冲输入端；$S_1S_0$ 是控制方式选择端；$D_R$ 是右移串行输入数据端；$D_L$ 是左移串行输入数据端；$D_3D_2D_1D_0$ 是并行输入数据端；$Q_3Q_2Q_1Q_0$ 是并行输出数据端；$Q_0$ 是右移串行输出端；$Q_3$ 是左移串行输出端。

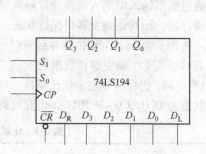

图 5-12　74LS194 的逻辑符号

74LS194 的功能如表 5-5 所示，下面分别加以介绍。

（1）异步清零。当清零输入端 $\overline{CR}$ 为 0 时，它的各输出端均输出 0，且不需与时钟 $CP$ 同步。在其他工作方式 $\overline{CR}$ 应为 1。

（2）静态保持。当移位脉冲 $CP$ 没有到来时，寄存器保持原有的状态，又称为静态保持。

（3）置数方式。当控制方式选择端 $S_1S_0$ = 11 时，寄存器工作在置数方式，并行输入数据 $D_3D_2D_1D_0$ 在时钟脉冲上升沿到来时送到输出端。

（4）右移工作方式。当控制方式选择端 $S_1S_0$ = 01 时，寄存器工作在右移输入方式，当移位脉冲上升沿到来时，右移输入数据 $D_R$ 被送至输出端，寄存器的其他数据右移一位，完成右移操作，即 $Q_3Q_2Q_1Q_0 = D_RQ_3Q_2Q_1$。

（5）左移工作方式。当控制方式选择端 $S_1S_0$ = 10 时，寄存器工作在左移输入方式，当移位脉冲上升沿到来时，左移输入数据 $D_L$ 被送至输出端，完成左移操作、即 $Q_3Q_2Q_1Q_0 = Q_2Q_1Q_0D_L$。

（6）动态保持方式。当控制方式选择端 $S_1S_0$ = 00 时，即使有移位脉冲上升沿到来，寄存器仍保持原有状态不变，这就是寄存器的动态保持。

由上述分析可知，74LS194 寄存器具有清零、静态保持、并行输入、右移串行输入、左移串行输入以及动态保持等功能。

表 5-5　四位双向移位寄存器 74LS194 的功能表

| 清零 | 时钟 | 控制信号 | | 串行输入 | | 并行输入 | | | | 输　出 | | | | 工作模式 |
|------|------|------|------|------|------|------|------|------|------|------|------|------|------|------|
| $\overline{CR}$ | $CP$ | $S_1$ | $S_0$ | $D_R$ | $D_L$ | $D_3$ | $D_2$ | $D_1$ | $D_0$ | $Q_3$ | $Q_2$ | $Q_1$ | $Q_0$ | |
| 0 | × | × | × | × | × | × | × | × | × | 0 | 0 | 0 | 0 | 清　零 |
| 1 | 非上升沿 | × | × | × | × | × | × | × | × | $Q_3^n$ | $Q_2^n$ | $Q_1^n$ | $Q_0^n$ | 静态保持 |
| 1 | ↑ | 0 | 0 | × | × | × | × | × | × | $Q_3^n$ | $Q_2^n$ | $Q_1^n$ | $Q_0^n$ | 动态保持 |
| 1 | ↑ | 0 | 1 | $D_R$ | × | × | × | × | × | $D_R$ | $Q_3^n$ | $Q_2^n$ | $Q_1^n$ | 右　移 |
| 1 | ↑ | 1 | 0 | × | $D_L$ | × | × | × | × | $Q_2^n$ | $Q_1^n$ | $Q_0^n$ | $D_L$ | 左　移 |
| 1 | ↑ | 1 | 1 | × | × | $D_3$ | $D_2$ | $D_1$ | $D_0$ | $D_3$ | $D_2$ | $D_1$ | $D_0$ | 置　数 |

### 5.3.2 计数器

在数字电路中，能够记忆输入脉冲个数的电路称为计数器。计数器是一个周期性的时序电路，其状态图有一个闭合环，闭合环循环一次所需要的时钟脉冲的个数称为计数器的模值 $M$。由 $n$ 个触发器构成的计数器，其模值 $M$ 一般应满足 $2^{n-1} < M \leqslant 2^{n}$。

计数器有许多不同的类型：

（1）按时钟控制方式来分有异步、同步两大类；

（2）按计数过程中数值的增减来分，有加法、减法、可逆计数器三类；

（3）按模值来分有二进制、十进制和任意进制计数器。

#### 5.3.2.1 二进制计数器

**A 异步二进制加法计数器**

由 JK 触发器组成的 3 位异步二进制加法计数器的逻辑图如图 5-13 所示。其工作原理如下：

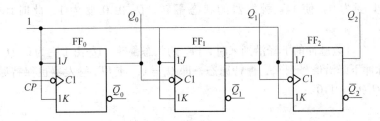

图 5-13 由 JK 触发器组成的 3 位异步二进制加法计数器

（1）设计数器的初始状态都为 $Q_2Q_1Q_0 = 000$，当第 1 个计数脉冲的下降沿到来时，$FF_0$ 的状态翻转，$Q_0$ 由 0 变为 1，其余触发器无脉冲下降沿信号到来，各触发器保持原态，此时计数器状态为 $Q_2Q_1Q_0 = 001$。

（2）当第 2 个计数脉冲的下降沿到来时，$FF_0$ 的状态翻转，$Q_0$ 由 1 变为 0，输出一个下降沿信号，使 $FF_1$ 触发器的状态由 0 翻转为 1，而 $FF_2$ 触发器保持原态，计数器的状态变为 $Q_2Q_1Q_0 = 010$。

按照上述规律，低位触发器的状态由 0 变为 1 时，相邻高位触发器的状态不发生变化，而只要低位触发器的状态由 1 变为 0，相邻的高位触发器的状态就会翻转。当第 8 个脉冲的下降沿到来时，计数器返回初始状态 $Q_2Q_1Q_0 = 000$。这 3 个触发器时钟信号不相同，状态的转换有先有后，故称为异步计数器。计数器中各触发器的状态转换顺序如表 5-6 所示，它的工作波形如图 5-14 所示。

表 5-6 3 位二进制加法计数器的状态表

| 计数脉冲数 | 计数器状态 | | | 计数脉冲数 | 计数器状态 | | |
|---|---|---|---|---|---|---|---|
| | $Q_2$ | $Q_1$ | $Q_0$ | | $Q_2$ | $Q_1$ | $Q_0$ |
| 0 | 0 | 0 | 0 | 5 | 1 | 0 | 1 |
| 1 | 0 | 0 | 1 | 6 | 1 | 1 | 0 |
| 2 | 0 | 1 | 0 | 7 | 1 | 1 | 1 |
| 3 | 0 | 1 | 1 | 8 | 0 | 0 | 0 |
| 4 | 1 | 0 | 0 | | | | |

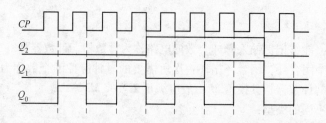

图 5-14　3 位异步二进制加法计数器的时序图

B　异步二进制减法计数器

由 JK 触发器组成的 3 位异步二进制减法计数器的逻辑图如图 5-15 所示。其工作原理如下：

（1）设计数器的初始状态都为 $Q_2Q_1Q_0 = 000$，当第 1 个计数脉冲的下降沿到来时，$FF_0$ 的状态翻转，$Q_0$ 由 0 变为 1，$\overline{Q_0}$ 由 1 变为 0，输出一个下降沿，使 $FF_1$ 触发器的状态翻转，$Q_1$ 由 0 变为 1，$\overline{Q_1}$ 由 1 变为 0，使 $FF_2$ 触发器的状态翻转，$Q_2$ 由 0 变为 1，此时计数器状态为 $Q_2Q_1Q_0 = 111$。

（2）当第 2 个计数脉冲的下降沿到来时，$FF_0$ 的状态翻转，$Q_0$ 由 1 变为 0，$\overline{Q_0}$ 由 0 变为 1，$FF_1$ 触发器无脉冲下降沿信号到来，保持原态，即 $Q_1 = 1$，使 $FF_2$ 触发器也保持原态，计数器的状态变为 $Q_2Q_1Q_0 = 110$。

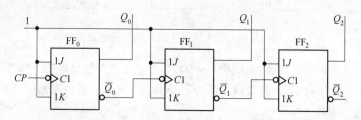

图 5-15　由 JK 触发器组成的 3 位异步二进制减法计数器

按照上述规律，低位触发器的状态由 1 变为 0 时，相邻高位触发器的状态不发生变化，而只要低位触发器的状态由 0 变为 1，相邻的高位触发器的状态就会翻转。当第 8 个脉冲的下降沿到来时，计数器返回初始状态 $Q_2Q_1Q_0 = 000$。计数器中各触发器的状态转换顺序如表 5-7 所示，它的工作波形如图 5-16 所示。

表 5-7　3 位二进制减法计数器的状态表

| 计数脉冲数 | 计数器状态 | | | 计数脉冲数 | 计数器状态 | | |
|---|---|---|---|---|---|---|---|
| | $Q_2$ | $Q_1$ | $Q_0$ | | $Q_2$ | $Q_1$ | $Q_0$ |
| 0 | 0 | 0 | 0 | 5 | 0 | 1 | 1 |
| 1 | 1 | 1 | 1 | 6 | 0 | 1 | 0 |
| 2 | 1 | 1 | 0 | 7 | 0 | 0 | 1 |
| 3 | 1 | 0 | 1 | 8 | 0 | 0 | 0 |
| 4 | 1 | 0 | 0 | | | | |

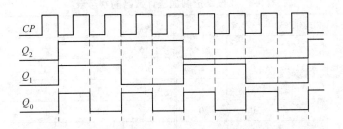

图 5-16　3 位异步二进制减法计数器的时序图

C　同步二进制加法计数器

图 5-17 所示为由 JK 触发器组成的 3 位同步二进制加法计数器，用下降沿触发。下面分析其工作原理。

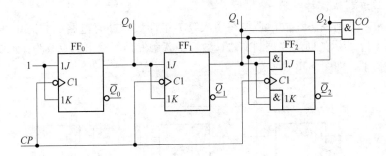

图 5-17　由 JK 触发器组成的 3 位同步二进制加法计数器

（1）写方程式。

输出方程：
$$CO = Q_2^n Q_1^n Q_0^n \qquad (5\text{-}9)$$

驱动方程：
$$J_0 = K_0 = 1$$
$$J_1 = K_1 = Q_0^n \qquad (5\text{-}10)$$
$$J_2 = K_2 = Q_1^n Q_0^n$$

（2）求状态方程。
$$Q_1^{n+1} = J_1 \overline{Q_1^n} + \overline{K_1} Q_1^n = Q_0^n \overline{Q_1^n} + \overline{Q_0^n} Q_1^n \qquad (5\text{-}11)$$

将驱动方程代入触发器的特性方程并化简，得：
$$Q_0^{n+1} = J_0 \overline{Q_0^n} + \overline{K_0} Q_0^n = \overline{Q_0^n}$$

（3）列状态表。
$$Q_2^{n+1} = J_2 \overline{Q_2^n} + \overline{K_2} Q_2^n = Q_1^n Q_0^n \overline{Q_2^n} + \overline{Q_1^n Q_0^n} Q_2^n$$

设计数器的初始状态为 $Q_2^n Q_1^n Q_0^n = 000$，代入输出方程和状态方程可列出逻辑电路的状态表，如表 5-8 所示。

**表 5-8    3 位二进制加法计数器的状态表**

| 计数脉冲数 | 计数器状态 | | | 输出 $CO$ | 计数脉冲数 | 计数器状态 | | | 输出 $CO$ |
|---|---|---|---|---|---|---|---|---|---|
| | $Q_2$ | $Q_1$ | $Q_0$ | | | $Q_2$ | $Q_1$ | $Q_0$ | |
| 0 | 0 | 0 | 0 | 0 | 5 | 1 | 0 | 1 | 0 |
| 1 | 0 | 0 | 1 | 0 | 6 | 1 | 1 | 0 | 0 |
| 2 | 0 | 1 | 0 | 0 | 7 | 1 | 1 | 1 | 1 |
| 3 | 0 | 1 | 1 | 0 | 8 | 0 | 0 | 0 | 0 |
| 4 | 1 | 0 | 0 | 0 | | | | | |

（4）电路的逻辑功能。

由表 5-8 可以看出，图 5-17 所示电路在输入第 8 个计数脉冲 $CP$ 后返回到初始的 000 状态，同时进位输出端 $CO$ 输出一个进位信号，因此该电路为 8 进制计数器。

D    同步二进制减法计数器

要实现 3 位二进制减法计数，必须在输入第 1 个计数脉冲时电路的状态由 000 变为 111。为此只要将图 5-17 所示的同步二进制加法计数器中各触发器的输出由 $Q$ 改为 $\overline{Q}$，便成为同步二进制减法计数器了，如图 5-18 所示。

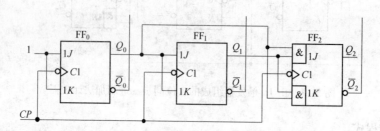

图 5-18    由 JK 触发器组成的 3 位同步二进制减法计数器

### 5.3.2.2    非二进制计数器

在非二进制计数器中，最常用的是十进制计数器。

A    异步十进制加法计数器

异步十进制加法计数器是在 4 位异步二进制加法计数器的基础上经过适当修改获得的。如图 5-19 所示为由 4 个 JK 触发器组成的异步十进制计数器的逻辑图。其工作原理如下：

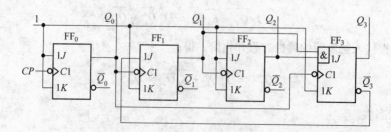

图 5-19    由 JK 触发器组成的异步十进制加法计数器

（1）设计数器的初始状态都为 $Q_3Q_2Q_1Q_0 = 0000$，当第 1 个计数脉冲的下降沿到来时，$FF_0$ 的状态翻转，$Q_0$ 由 0 变为 1，其余触发器无脉冲下降沿信号到来，各触发器保持原态，此时

计数器状态为 $Q_3Q_2Q_1Q_0 = 0001$。

（2）当第 2 个计数脉冲的下降沿到来时，$FF_0$ 的状态翻转，$Q_0$ 由 1 变为 0，输出一个下降沿信号，使 $FF_1$ 触发器的状态由 0 翻转为 1，而 $FF_2$ 和 $FF_3$ 触发器都保持原态，计数器的状态变为 $Q_3Q_2Q_1Q_0 = 0010$。

按照上述规律，当第 9 个脉冲的下降沿到来时，$Q_3Q_2Q_1Q_0 = 1001$。当第 10 个脉冲的下降沿到来时，$FF_0$ 翻转，$FF_1$ 被置 0，$FF_2$ 保持，$FF_3$ 被置 0，因此计数器返回初始状态 $Q_3Q_2Q_1Q_0 = 0000$。计数器中各触发器的状态转换顺序如表 5-9 所示，它的工作波形如图 5-20 所示。

表 5-9 十进制加法计数器的状态表

| 计数脉冲数 | 计数器状态 | | | | 计数脉冲数 | 计数器状态 | | | |
|---|---|---|---|---|---|---|---|---|---|
| | $Q_3$ | $Q_2$ | $Q_1$ | $Q_0$ | | $Q_3$ | $Q_2$ | $Q_1$ | $Q_0$ |
| 0 | 0 | 0 | 0 | 0 | 6 | 0 | 1 | 1 | 0 |
| 1 | 0 | 0 | 0 | 1 | 7 | 0 | 1 | 1 | 1 |
| 2 | 0 | 0 | 1 | 0 | 8 | 1 | 0 | 0 | 0 |
| 3 | 0 | 0 | 1 | 1 | 9 | 1 | 0 | 0 | 1 |
| 4 | 0 | 1 | 0 | 0 | 10 | 0 | 0 | 0 | 0 |
| 5 | 0 | 1 | 0 | 1 | | | | | |

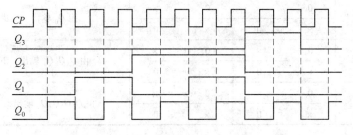

图 5-20 十进制加法计数器的时序图

B 同步十进制加法计数器

如图 5-21 所示为由 JK 触发器组成的同步十进制加法计数器的逻辑图，用下降沿触发。其工作原理的分析请参照同步二进制计数器的分析方法。

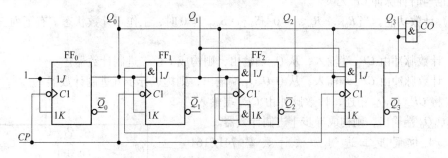

图 5-21 由 JK 触发器组成的同步十进制加法计数器

### 5.3.2.3 集成计数器 74LS90、74LS160、74LS161、74LS162、74LS163

A 异步二—五—十进制计数器 74LS90

图 5-22 是 74LS90 的逻辑符号图，其逻辑功能见表 5-10。

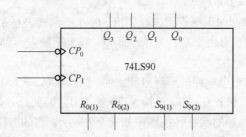

图 5-22　74LS90 的逻辑符号图

**表 5-10　74LS90 的功能表**

| 输　入 | | | | | | 输　出 | | | |
|---|---|---|---|---|---|---|---|---|---|
| $CP_0$ | $CP_1$ | $R_{0(1)}$ | $R_{0(2)}$ | $S_{9(1)}$ | $S_{9(2)}$ | $Q_3$ | $Q_2$ | $Q_1$ | $Q_0$ |
| × | × | 1 | 1 | 0 | × | 0 | 0 | 0 | 0 |
| | | | | × | 0 | | | | |
| × | × | 0 | × | 1 | 1 | 1 | 0 | 0 | 1 |
| | | × | 0 | | | | | | |
| ↓ | × | 0 | × | 0 | × | 由 $Q_0$ 输出，二进制计数器 | | | |
| | | × | 0 | × | 0 | | | | |
| × | ↓ | 0 | × | 0 | × | 由 $Q_3Q_2Q_1$ 输出，五进制计数器 | | | |
| | | × | 0 | × | 0 | | | | |
| ↓ | $Q_0$ | 0 | × | 0 | × | 由 $Q_3Q_2Q_1Q_0$ 输出，十进制计数器 | | | |
| | | × | 0 | × | 0 | | | | |

由表 5-10 可以看出 74LS90 具有如下功能：

（1）异步置 0 功能。当 $R_{0(1)} \cdot R_{0(2)} = 1$、$S_{9(1)} \cdot S_{9(2)} = 0$ 时，计数器置 0，即 $Q_3Q_2Q_1Q_0 = 0000$，与时钟脉冲 $CP$ 无关。

（2）异步置 9 功能。当 $R_{0(1)} \cdot R_{0(2)} = 0$、$S_{9(1)} \cdot S_{9(2)} = 1$ 时，计数器置 9，即 $Q_3Q_2Q_1Q_0 = 1001$，也与时钟脉冲 $CP$ 无关。

（3）计数功能。当 $R_{0(1)} \cdot R_{0(2)} = 0$、$S_{9(1)} \cdot S_{9(2)} = 0$ 时，工作于计数状态，有下列三种计数情况：

1）计数脉冲由 $CP_0$ 端输入，从 $Q_0$ 端输出，则构成 1 位二进制计数器。

2）计数脉冲由 $CP_1$ 端输入，从 $Q_3Q_2Q_1$ 端输出，则构成异步五进制计数器。

3）将 $CP_1$ 与 $Q_0$ 相连，计数脉冲由 $CP_0$ 端输入，从 $Q_3Q_2Q_1Q_0$ 端输出，则构成异步十进制计数器。

B　4 位同步二进制加法计数器 74LS161 和 74LS163

集成芯片 74LS161 是同步可预置 4 位二进制计数器，并具有异步清零功能，它的逻辑符号如图 5-23 所示，图中，$\overline{CR}$ 是清零端，$\overline{LD}$ 是预置控制端，$D_3$、$D_2$、$D_1$、$D_0$ 是预置数输入端，$CP$ 是外部输入时钟，$EP$、

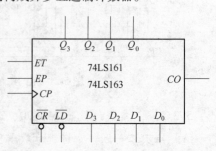

图 5-23　74LS161 和 74LS163 的逻辑符号

$ET$ 是使能端，$Q_3Q_2Q_1Q_0$ 是计数器的输出端，$CO$ 是进位输出端。

74LS161 的功能如表 5-11 所示，现分述如下：

（1）异步清零。当异步清零端 $\overline{CR}=0$ 时，不论电路处于何种工作状态，计数器状态被置为 0，即 $Q_3Q_2Q_1Q_0=0000$。由于这种清零方式不需要与时钟 $CP$ 同步就可完成，因此可称作异步清零。正常工作时，$\overline{CR}=1$。

**表 5-11　74LS161 的功能表**

| 输　入 | | | | | | | | | 输　出 | | | |
|---|---|---|---|---|---|---|---|---|---|---|---|---|
| $\overline{CR}$ | $\overline{LD}$ | $CP$ | $EP$ | $ET$ | $D_3$ | $D_2$ | $D_1$ | $D_0$ | $Q_3$ | $Q_2$ | $Q_1$ | $Q_0$ |
| 0 | × | × | × | × | × | × | × | × | 0 | 0 | 0 | 0 |
| 1 | 0 | ↑ | × | × | $D_3$ | $D_2$ | $D_1$ | $D_0$ | $D_3$ | $D_2$ | $D_1$ | $D_0$ |
| 1 | 1 | × | 0 | × | × | × | × | × | 保　持 | | | |
| 1 | 1 | × | × | 0 | × | × | × | × | 保　持 | | | |
| 1 | 1 | ↑ | 1 | 1 | × | × | × | × | 计　数 | | | |

（2）同步预置。当预置控制端 $\overline{LD}=0$，且 $\overline{CR}=1$ 时，在外部输入时钟信号 $CP$ 的上升沿将 $D_3$、$D_2$、$D_1$、$D_0$ 传送到输出端，即 $Q_3Q_2Q_1Q_0=D_3D_2D_1D_0$。由于预置数据时需与时钟脉冲 $CP$ 配合，因此称作同步预置。

（3）保持。当 $\overline{CR}=\overline{LD}=1$ 时，只要使能输入端 $EP$、$ET$ 中有一个为 0，此时无论有无计数脉冲 $CP$ 输入，计数器状态均保持不变。

（4）计数。当 $\overline{CR}=\overline{LD}=1$，$EP=ET=1$ 时，电路按自然二进制数递增规律计数。每当时钟脉冲 $CP$ 的上升沿到来时，计数器状态就增 1，当计数器从 0000 计数到 1111 时，进位输出端 $CO$ 输出高电平 1。

74LS163 与 74LS161 类似，主要区别是 74LS163 为同步清零，也就是说在 $\overline{CR}=0$ 时，计数器并不立即清零，还需要再输入一个计数脉冲 $CP$ 才能清零。

C　同步十进制加法计数器 74LS160 和 74LS162

集成芯片 74LS160 是同步可预置十进制计数器，并具有异步清零功能，它的逻辑符号如图 5-24 所示，图中，$\overline{CR}$ 是清零端，$\overline{LD}$ 是预置控制端，$D_3$、$D_2$、$D_1$、$D_0$ 是预置数输入端，$CP$ 是外部输入时钟，$EP$、$ET$ 是使能端，$Q_3Q_2Q_1Q_0$ 是计数器的输出端，$CO$ 是进位输出端。

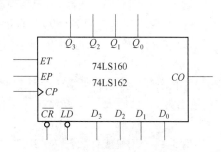

图 5-24　74LS160 和 74LS162 的逻辑符号图

74LS160 的功能如表 5-12 所示，现分述如下：

**表 5-12　74LS160 的功能表**

| 输　入 | | | | | | | | | 输　出 | | | |
|---|---|---|---|---|---|---|---|---|---|---|---|---|
| $\overline{CR}$ | $\overline{LD}$ | $CP$ | $EP$ | $ET$ | $D_3$ | $D_2$ | $D_1$ | $D_0$ | $Q_3$ | $Q_2$ | $Q_1$ | $Q_0$ |
| 0 | × | × | × | × | × | × | × | × | 0 | 0 | 0 | 0 |
| 1 | 0 | ↑ | × | × | $D_3$ | $D_2$ | $D_1$ | $D_0$ | $D_3$ | $D_2$ | $D_1$ | $D_0$ |
| 1 | 1 | × | 0 | × | × | × | × | × | 保　持 | | | |
| 1 | 1 | × | × | 0 | × | × | × | × | 保　持 | | | |
| 1 | 1 | ↑ | 1 | 1 | × | × | × | × | 计　数 | | | |

（1）异步清零。当异步清零端 $\overline{CR}=0$ 时，不论电路处于何种工作状态，计数器状态被置为0，即 $Q_3Q_2Q_1Q_0=0000$。由于这种清零方式不需要与时钟 $CP$ 同步就可完成，因此称为异步清零。正常工作时，$\overline{CR}=1$。

（2）同步预置。当预置控制端 $\overline{LD}=0$，且 $\overline{CR}=1$ 时，在外部输入时钟信号 $CP$ 的上升沿将 $D_3$、$D_2$、$D_1$、$D_0$ 传送到输出端，即 $Q_3Q_2Q_1Q_0=D_3D_2D_1D_0$。由于预置数据时需与时钟脉冲 $CP$ 配合，因此称作同步预置。

（3）保持。当 $\overline{CR}=\overline{LD}=1$ 时，只要使能输入端 $EP$、$ET$ 中有一个为0，此时无论有无计数脉冲 $CP$ 输入，计数器状态均保持不变。

（4）计数。当 $\overline{CR}=\overline{LD}=1$，$EP=ET=1$ 时，电路按自然二进制数递增规律计数。每当时钟脉冲 $CP$ 的上升沿到来时，计数器状态就增1，当计数器从0000计数到1001时，进位输出端 $CO$ 输出高电平1。

74LS162 与74LS160类似，主要区别是74162为同步置0，这就是说在 $\overline{CR}=0$ 时，计数器并不立即置0，还需要再输入一个计数脉冲 $CP$ 才能置0。

D　用集成计数器构成任意进制计数器

尽管集成计数器产品种类很多，也不可能做到任意进制的计数器都有其相应的产品。但是用一片或者几片集成计数器经过适当连接，就可以构成任意进制的计数器。若一片集成计数器为 $M$ 进制，欲构成的计数器为 $N$ 进制，构成任意进制计数器的原则是：当 $M>N$ 时，只需用一片集成计数器即可；当 $M<N$ 时，则需要几片 $M$ 进制集成计数器。用集成计数器构成任意进制计数器，常用的方法有：反馈清零法、级联法和反馈置数法。下面以反馈清零法和级联法为主，介绍集成计数器构成任意进制计数器的方法。

a　反馈清零法（$M>N$）

基本思路：计数器从全"0"状态开始计数，计满 $N$ 个状态后产生清"0"信号，使计数器恢复到初态。

［例5-3］　用集成计数器74LS90构成七进制计数器。

解：图5-25所示为用74LS90构成的七进制计数器的逻辑图。首先将74LS90连成十进制计数器，即 $Q_0$ 与 $CP_1$ 相连，由 $CP_0$ 输入计数脉冲，$S_{9(1)}$ 和 $S_{9(2)}$ 中有一个为0即可。然后将 $Q_2$、$Q_1$、$Q_0$ 分别接到与门的输入端，再将与门的输出端接到清零端 $R_{0(1)}$ 和 $R_{0(2)}$。计数器从"0000"状态开始计数，当第7个计数脉冲下降沿到来时，计数器的状态 $Q_3Q_2Q_1Q_0=0111$，与门输出为1。此时 $R_{0(1)}=R_{0(2)}=1$，使计数器清零，即 $Q_3Q_2Q_1Q_0=0000$，完成一次七进制计数。

［例5-4］　用集成计数器74LS163构成七进制计数器。

解：图5-26所示为用74LS163构成的七进制计数器的逻辑图。首先将 $ET$、$EP$ 和 $\overline{LD}$ 接高电

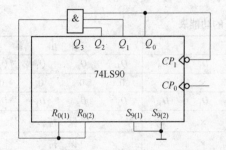

图5-25　用74LS90构成的七进制计数器

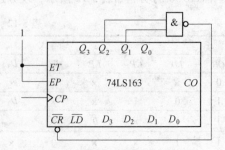

图5-26　用74LS163构成的七进制计数器

平，这是74LS163正常计数的条件。然后将$Q_2$、$Q_1$分别接到与非门的输入端，再将与非门的输出端接到同步清零端$\overline{CR}$。计数器从"0000"状态开始计数，当第6个计数脉冲上升沿到来时，计数器的状态$Q_3Q_2Q_1Q_0=0110$，与非门输出为0，此时$\overline{CR}=0$，由于$\overline{CR}$是同步清零端，因此计数器并不能立即清零，而要再来一个脉冲上升沿也就是第7个脉冲上升沿到来时才能使计数器清零，从而实现了七进制计数。

　　b　级联法（$M<N$）

　　当$M<N$时，需用两片或两片以上集成计数器才能连接成任意进制计数器，这时要用级联法。下面以74LS90为例分三种情况讨论级联法构成任意进制计数器的问题。

　　（1）几片集成计数器级联。图5-27所示的是用两片集成计数器74LS90级联构成的五十进制计数器。片A接成五进制计数器，片B接成十进制计数器，级联后就是五十进制的计数器。计数脉冲从片B输入，片B的最高位$Q_3$接到片A的$CP_1$输入端，当输入第9个计数脉冲时，片B的状态为1001，片A的状态为0000；当输入第10个计数脉冲时，片B的状态由1001变为0000，此时，片B的最高位$Q_3$由1变为0，从而为片A提供计数脉冲，使片A的状态由0000变为0001。采用这种级联法构成的计数器，其容量为几个计数器进制（或模）的乘积。用两片74LS90可以接成二十进制、二十五进制、五十进制和一百进制的计数器。

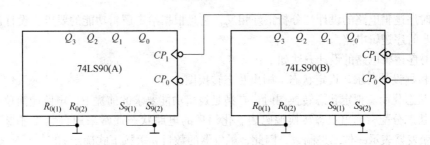

图5-27　用74LS90级联构成的五十进制计数器

　　（2）几片集成计数器级联后再反馈清零。若几片集成计数器级联后再进行反馈清零的话，可以更灵活地组成任意进制的计数器。图5-28使用了两片74LS90，每片都接成十进制计数器，当输入第62个计数脉冲时，片A的状态为0110，片B的状态为0010，此时片A和片B的$R_{0(1)}$和$R_{0(2)}$都为1，计数器清零。

　　（3）每片集成计数器单独反馈清零后再进行级联。当两片集成计数器进行级联时，用反

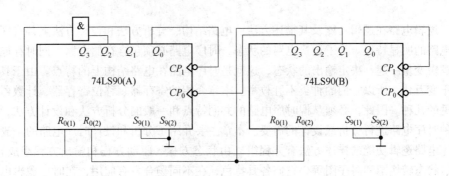

图5-28　级联后再反馈清零构成的六十二进制计数器

馈清零法将一片集成计数器接成 $N_1$ 进制的计数器，将另一片接成 $N_2$ 进制的计数器，然后两片集成计数器再进行级联，可得到 $N_1 \times N_2$ 进制的计数器。图 5-29 中使用了两片 74LS90，计数脉冲从片 B 输入。片 B 接成八进制计数器，且将最高位与片 A 相连，片 A 接成六进制计数器，所以级联后的计数器是四十八进制的计数器。

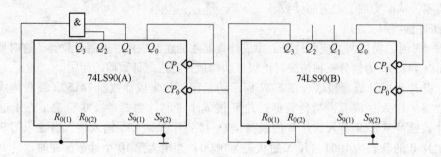

图 5-29　　每片集成计数器单独反馈清零后再级联构成的四十八进制计数器

# 5.4　同步时序逻辑电路的设计方法

同步时序逻辑电路的设计与分析正好相反，它是根据给定逻辑功能的要求，设计出能满足要求的同步时序逻辑电路。

同步时序逻辑电路的设计方法如下：

（1）根据设计要求，设定状态，画出状态转换图。

（2）状态化简。拟定状态转换图时，在满足逻辑功能要求的前提下，电路越简单越好。

（3）状态分配，列出状态转换编码表。化简后的电路状态通常采用自然二进制数进行编码。每个触发器表示一位二进制数，因此，触发器的数目 $n$ 可按下式确定：$2^{n-1} < N \leqslant 2^n$

（4）选择触发器的类型，求出状态方程、驱动方程、输出方程。

（5）根据驱动方程和输出方程画逻辑图。

（6）检查电路有无自启动能力。若设计的电路存在无效状态，应检查电路进入无效状态后，能否在时钟脉冲作用下自动返回有效状态工作。如能回到有效状态，则电路有自启动能力；如不能，则需修改设计，使电路具有自启动能力。

# 5.5　本章小结

时序逻辑电路在逻辑功能及其描述方法、电路结构、分析方法和设计方法上都有区别于组合逻辑电路的明显特点。为了记忆电路的状态，时序电路必须包含存储电路，同时存储电路又和输入逻辑变量一起，决定输出的状态，这就是时序电路在电路结构上的特点。由于具体的时序电路千变万化，所以它们的种类不胜枚举。本章介绍的寄存器、移位寄存器、计数器等只是其中常见的几种。因此，必须掌握时序电路的共同特点和一般的分析方法和设计方法，才能适应对各种时序电路进行分析或设计的需要。本章主要介绍了分析和设计时序电路的一般步骤。

时序电路逻辑功能的描述方法有方程组（由状态方程、驱动方程和输出方程组成）、状态转换表、状态转换图和时序图等，它们各具特色，在不同场合各有应用，在时序逻辑电路的分析和设计中特别要注意它们的应用。

# 习　题

5-1　试分析如图 5-30 所示电路，列出状态表，并说明该电路的逻辑功能。图中 $X$ 为输入控制信号，$Y$ 为输出信号，可分为 $X=0$ 和 $X=1$ 两种情况进行分析。

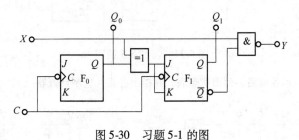

图 5-30　习题 5-1 的图

5-2　设如图 5-31 所示电路的初始状态为 $Q_2Q_1Q_0 = 000$，列出该电路的状态表，画出 $C$ 和各输出端的波形图，说明是几进制计数器，是同步计数器还是异步计数器。

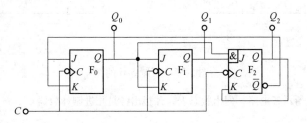

图 5-31　习题 5-2 的图

5-3　设如图 5-32 所示电路的初始状态为 $Q_2Q_1Q_0 = 000$，列出该电路的状态表，画出 $C$ 和各输出端的波形图，说明是几进制计数器，是同步计数器还是异步计数器。图中 $Y$ 为进位输出信号。

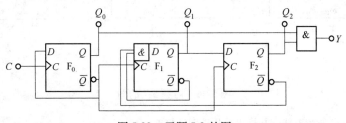

图 5-32　习题 5-3 的图

5-4　试分析如图 5-33 所示电路，列出状态表，并说明该电路的逻辑功能。

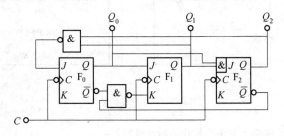

图 5-33　习题 5-4 的图

5-5　试分析如图 5-34 所示电路，列出状态表，并说明该电路的逻辑功能。

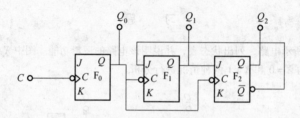

图 5-34　习题 5-5 的图

5-6　试分析如图 5-35 所示各电路，列出状态表，并指出各是几进制计数器。

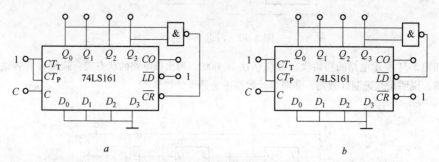

图 5-35　习题 5-6 的图

5-7　试分析如图 5-36 所示各电路，列出状态表，并指出各是几进制计数器。

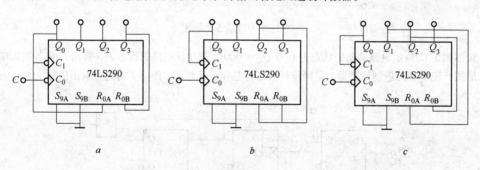

图 5-36　习题 5-7 的图

5-8　试分析如图 5-37 所示电路，并指出是几进制计数器。

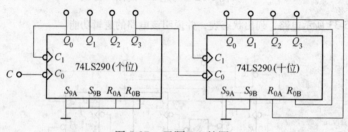

图 5-37　习题 5-8 的图

5-9　试分析如图 5-38 所示电路，并指出是几进制计数器。

5-10　试分析如图 5-39 所示电路，并指出是几进制计数器。

5-11　分别画出用 74LS161 的异步清零功能构成的下列计数器的接线图。

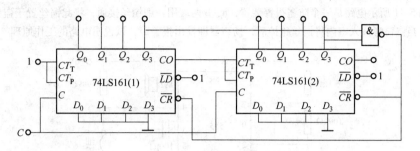

图 5-38　习题 5-9 的图

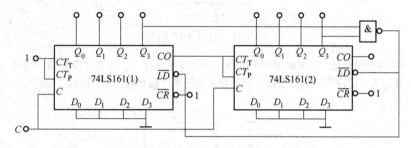

图 5-39　习题 5-10 的图

（1）5 进制计数器。

（2）50 进制计数器。

（3）100 进制计数器。

（4）200 进制计数器。

5-12　分别画出用 74LS161 的同步置数功能构成的下列计数器的接线图。

（1）14 进制计数器。

（2）60 进制计数器。

（3）120 进制计数器。

（4）256 进制计数器。

5-13　分别画出用 74LS290 构成的下列计数器的接线图。

（1）9 进制计数器。

（2）35 进制计数器。

（3）50 进制计数器。

（4）78 进制计数器。

5-14　如图 5-40 所示电路是一个照明灯自动亮灭装置，白天让照明灯自动熄灭；夜晚自动点亮。图中 R 是一个光敏电阻，当受光照射时电阻变小；当无光照射或光照微弱时电阻增大，试说明其工作原理。

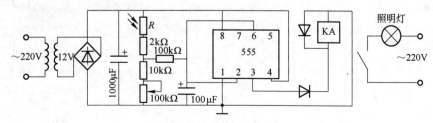

图 5-40　习题 5-14 的图

5-15   如图 5-41 所示电路是一个防盗报警装置，a、b 两端用一细铜丝接通，将此铜丝置于盗窃者必经之
       处。当盗窃者闯入室内将铜丝碰掉后，扬声器即发出报警声，试说明电路的工作原理。

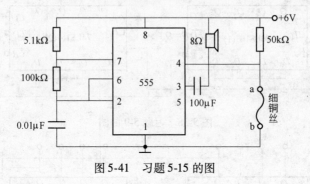

图 5-41   习题 5-15 的图

5-16   如图 5-42 所示电路是一简易触摸开关电路，当手摸金属片时，发光二极管亮，经过一定时间，发
       光二极管熄灭，试说明电路的工作原理，并求解发光二极管能亮多长时间。

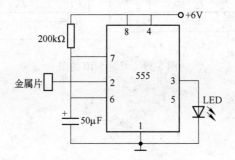

图 5-42   习题 5-16 的图

# 6 脉冲波形的产生和整形

数字电路或系统中，常常需要各种脉冲波形，如矩形波、三角波、锯齿波等。这些脉冲波形的获取通常采用两种方法：一是利用脉冲信号产生器直接产生；二是对已有的信号进行适当变换，产生能为系统所用的脉冲波形。

本章主要讨论几种脉冲信号产生器及脉冲变换的基本电路，如多谐振荡器、施密特触发器、单稳态触发器及 555 定时器等，并对它们的功能、特点及其主要应用作简要的介绍。

## 6.1 多谐振荡器

### 6.1.1 多谐振荡器的电路原理

多谐振荡器是一种自激振荡电路，电路接通电源后能自动产生具有一定振幅且频率固定的方波或矩形脉冲，它经常被用作系统的时钟脉冲或同步脉冲。多谐振荡器在工作过程中无稳定状态，也称为无稳态电路。多谐振荡器一般由两级门电路组成，电路组成形式各异，但具有以下共同特点：

（1）电路中含有诸如门电路、电压比较器和晶体三极管等开关器件，其作用是产生高、低电平；

（2）正反馈网络将输出电压反馈到开关器件的输入端，使之改变输出的状态；

（3）延迟环节，主要利用 $RC$ 电路的充放电特点来实现延时，并产生所需要的振荡频率。

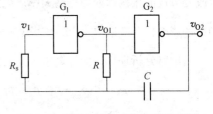

图 6-1　CMOS 门构成的多谐振荡器

实用中，反馈网络还兼具延时作用。由两个非门构成的多谐振荡器如图 6-1 所示。其电路原理图和工作波形图分别如图 6-2$a$、6-2$b$ 所示。电路工作原理如下：

设电路在 $t=0$ 时接通电源，电容 $C$ 尚未充电。且

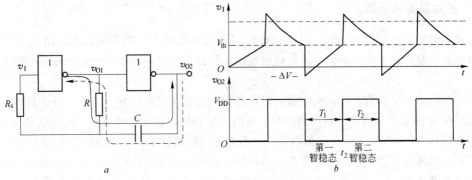

图 6-2　多谐振荡器工作原理和波形图
$a$—$RC$ 充放电路径；$b$—输出波形

非门的门坎电平（即开门、关门电平）为：

$$V_{th} = \frac{V_{DD}}{2}$$

（1）第一暂稳态。初始状态为 $v_I = 0$，$G_1$ 截止、$G_2$ 导通。且有 $v_{O1} = 1$、$v_{O2} = 0$，此为第一暂稳态。$v_{O1}$ 的高电平经 $R$ 向 $C$ 充电，充电路径如图 6-2a 中的实线所示。随着充电时间的增加，电容器上的电压上升，经 $R_s$ 耦合导致 $v_I$ 增加。当 $v_I$ 达到 $v_{th}$ 时，电路发生以下正反馈过程：

$$v_I \uparrow \longrightarrow v_{O1} \downarrow \longrightarrow v_{O2} \uparrow$$
$$V_{DD} + \Delta V_+$$

这一正反馈过程瞬间完成，致使 $G_1$ 导通、$G_2$ 截止，且有 $v_{O1} = 0$、$v_{O2} = 1$，电路进入第二暂稳态。

（2）第二暂稳态。在进入第二暂稳态瞬间，$v_{O2}$ 从 0 跳变到 1，电容两端电压不能突变，$v_I$ 也跟着跳变到一高电平值（例如 $V_{DD} + \Delta V_+$），$G_1$ 维持导通，$v_{O1} = 0$。因电容电压为高电平，因此电容 $C$ 经 $R$ 放电，放电路径如图 6-2a 中的虚线所示。随着放电时间的增加，电容器上的电压下降，经 $R_s$ 耦合导致 $v_I$ 下降。当 $v_I$ 降至 $v_{th}$ 时，电路又发生以下正反馈过程：

$$v_I \downarrow \longrightarrow v_{O1} \uparrow \longrightarrow v_{O2} \downarrow$$

从而使 $G_1$ 迅速截止，$G_2$ 迅速导通。电路迅速回到第一暂稳态，并有 $v_{O1} = 1$、$v_{O2} = 0$。此后电路重复以上过程，周而复始地从一个暂稳态翻转到另一个暂稳态，在 $G_2$ 的输出端得到周期性的方波（见图 6-2b）。

综上所述，电路中的 $RC$ 网络兼具正反馈网络和延时作用。显然，改变 $RC$ 参数的大小可以改变方波的振荡周期即振荡频率。电路中 $R_s$ 称为补偿电阻，它可减少电源电压变化对振荡频率的影响，一般取 $R_s = 10R$（当 $V_{th} = \dfrac{V_{DD}}{2}$ 时）。

由电路分析理论，经计算可知方波的周期为：

$$T = T_1 + T_2 = RC\ln 4 \approx 1.4RC \tag{6-1}$$

有关计算请参阅文献[1]。

## 6.1.2　石英晶体振荡器

上述多谐振荡器的振荡频率受门坎电平 $V_{th}$（也称阈值电压）的影响较大，而 $V_{th}$ 容易受温度、电源电压及外部干扰的影响，因此频率稳定性较差，在对频率稳定性要求较高的场合不能使用。

由石英晶体组成的石英晶体振荡器可以获得频率稳定性很高的方波信号。石英晶体的电路符号如图 6-3a 所示。一般地，石英晶体有一个极为稳定的串联谐振频率 $f_s$（其值仅取决于晶体的切割形状），且等效品质因素 $Q$ 值很高。石英晶体的阻抗频率特征曲线如图 6-3b 所示。由图可知，石英晶体具有非常好的选频特性。将其串入交流电路中时，只有频率为 $f_s$ 的信号容易通过，而其他频率的信号均会被晶体衰减。利用此特点，将石英晶体作为上述多谐振荡器的反馈网络，所构成的振荡器称为石英晶体振荡器，它可以产生频率稳定性很高的振荡信号，即高频率稳定性的方波信号，多用于产生微型计算机的时钟脉冲等对频率稳定性要求较高的场合。

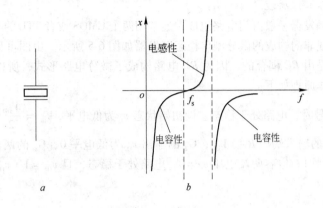

图6-3 石英晶体的电路符号及阻抗频率特性

*a*—电路符号；*b*—阻抗频率特性

石英晶体振荡器电路如图6-4所示。图中 $R$ 并联在反向器 $G_1$、$G_2$ 的输入输出端，使 $G_1$、$G_2$ 工作于线性放大区。电容 $C_1$ 起前后级间的耦合作用，而 $C_2$ 则起抑制高次谐波的作用，以保证稳定的频率输出。一般地，$R$ 的值对 TTL 门电路通常取 0.7 ～ 2kΩ，对于 CMOS 门 $R$ 的值通常在 10 ～ 100MΩ 之间。$C_1$ 的选择应使对于 $f_s$ 而言构成交流通路。$C_2$ 的选择应满足 $2\pi R C_2 f_s \approx 1$，使得 $RC_2$ 并联网络在 $f_s$ 处呈最大阻抗，以减少谐振信号损失。

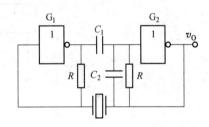

图6-4 石英晶体振荡器电路

图6-4 所示电路的振荡频率仅取决于石英晶体的串联谐振频率 $f_s$，与 $R$、$C$ 的取值无关。这是因为电路对 $f_s$ 频率所形成的正反馈最强，容易起振并维持该频率的振荡。为了改善输出波形，提高带负载能力，通常在振荡器的输出端再加一反向器来输出振荡信号。

因为多谐振荡器在工作过程中无稳定状态，有时也称为无稳态电路。

## 6.2 单稳态触发器

单稳态触发器被广泛应用于数字技术中的脉冲波形的变换、整形及延时，它具有以下特点：

（1）电路有一个稳态和一个暂稳态；

（2）在外来触发脉冲作用下，电路由稳态翻转到暂稳态；

（3）暂稳态是一个不能长久保持的状态，经过一段时间延迟后，电路会自动返回到稳态。暂稳态的延迟时间取决于延时网络 $RC$ 的参数值。

单稳态触发器根据其 $RC$ 延时网络的结构不同，可分为微分型和积分型两大类。以下仅重点讨论微分型单稳态触发器。

### 6.2.1　微分型单稳态触发器

#### 6.2.1.1　电路工作原理

微分型单稳态触发器一般由门电路组成，通常用两个 CMOS 或者 TTL 的与非门或或非门构成。由两个 CMOS 或非门构成的微分型单稳态触发器如图 6-5 所示。由图可见，构成单稳态触发器的两个或非门是由 $RC$ 耦合的，因为 $RC$ 电路构成了微分电路形式，所以称之为微分型单稳态触发器。其工作原理如下：

（1）没触发信号时，电路处于稳态。设初始状态 $v_1$ 为低电平，$V_{th} = \dfrac{V_{DD}}{2}$。没触发信号时，$v_1$ 为低电平。门 $G_2$ 的输入端经 $R$ 接 $V_{DD}$，$G_2$ 的输出 $v_{O2}$ 为低电平 0；$G_1$ 的两输入端均为 0，$G_1$ 输出电压 $v_{O1}$ 为高电平 1；电容两端电压 $v_C = 0$，电路处于稳态，且 $v_{O1} = 1$、$v_{O2} = 0$（参见图 6-6 中 0 ~ $t_1$ 间时序图）。

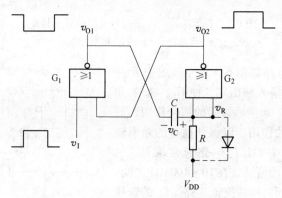

图 6-5　由或非门构成的微分型单稳态触发器

（2）外加触发信号，电路从稳态翻转到暂稳态。在 $t = t_1$ 瞬间，$v_1$ 从 0 跳变到 1 时，$G_1$ 的输出 $v_{O1}$ 从 1 跳变到 0；电容两端电压不能突变，$v_R$ 变为低电平，$G_2$ 的输出 $v_{O2}$ 从 0 跳变为 1，$v_{O2}$ 的高电平接至 $G_1$ 的输入端，在此瞬间产生如下正反馈过程：

$$v_1 \uparrow \longrightarrow v_{O1} \downarrow \longrightarrow v_R \downarrow \longrightarrow v_{O2} \uparrow$$

于是 $G_1$ 导通，$G_2$ 截止。电路状态为：$v_{O1} = 0$、$v_{O2} = 1$。此时，即使撤除触发信号，即 $v_1 = 0$，由于 $v_{O2} = 1$，$v_{O1}$ 仍维持为低电平。需要注意的是，随着电容 $C$ 的充放电过程，这种状态是不能维持长久的，称之为暂稳态。

（3）电容 $C$ 充电，电路由暂稳态自动返回到稳态。暂稳态时，因为 $v_{O1} = 0$，电源 $V_{DD}$ 经电阻 $R$ 向电容 $C$ 充电，充电路径为 $V_{DD} \rightarrow R \rightarrow C$，$v_{O1} = 0$，随着充电时间的增加，电容电压 $v_C$ 将增加，$v_R$ 也随之增加。其波形见图 6-6 中的 $t_1$ ~ $t_2$ 间时序图。当 $v_R$ 达到阈值电压 $V_{th}$ 时（$t_2$ 时刻），电路产生如下正反馈过程（设此时触发脉冲已消失）：

$$C \text{ 充电} \longrightarrow v_R \uparrow \longrightarrow v_{O2} \downarrow \longrightarrow v_{O1} \uparrow$$

于是 $G_1$ 门很快截止，$G_2$ 门迅速导通。电路由暂稳态返回到稳态：$v_{O1} = 1$、$v_{O2} = 0$、$v_C = V_{DD} + V_{th}$。暂稳态结束后，电容通过 $R$ 放电，使 $v_C$ 恢复到稳定状态时的初值，电路恢复原态。

整个过程中，电路各点波形见图6-6。

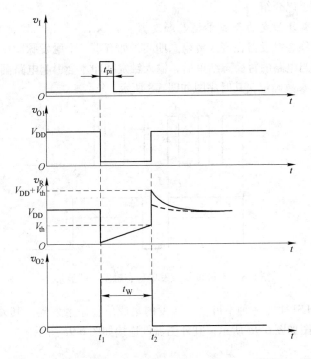

图6-6 微分型单稳态触发器各点工作波形

经计算，微分型单稳态触发器的输出脉冲宽度 $t_w \approx 0.7RC$。由以上分析可知，触发脉冲的宽度一定要小于 $t_w$，否则过程（3）中的正反馈过程不能发生，电路不能回到稳态。其次，触发脉冲的周期要大于 $t_w$ 与电容放电时间常数之和。一次触发只能产生一个脉冲输出，且输出脉冲宽度仅与 $RC$ 的参数值有关。

### 6.2.1.2 电路的改进

单稳态触发器的电路改进方法有：

（1）单稳态触发器的输入触发脉冲宽度 $t_{pi}$ 必须小于输出脉冲宽度 $t_w$，而尖脉冲的宽度最窄，所以电路改进措施之一就是在输入端加入 $R_d C_d$ 组成的微分电路。当触发脉冲宽度 $t_{pi}$ 大于 $t_w$ 时，保证了输入脉冲宽度小于 $t_w$，见图6-7。

（2）由于TTL门组成的单稳态电路存在输入电流，为了保证稳态时 $G_2$ 输入的低电平，电阻 $R$ 的取值应小于 $0.7k\Omega$。同时，$R_d$ 的数值应大于 $2k\Omega$，使得稳态时 $v_D$ 大于 $G_1$ 的开门电平。CMOS门由于不存在输入电流，可不受此限制。

（3）为改善电路的输出波形和提高带负载的能力，可在输出端加一反向器 $G_3$，如图6-7所示。

## 6.2.2 集成单稳态触发器

现代数字系统中，广泛使用集成电路的单稳态

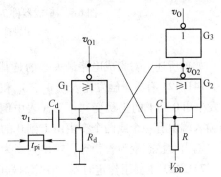

图6-7 单稳态触发器的改进

触发器。集成电路单稳态触发器按其电路的结构和工作状态不同又分为可重复触发和不可重复
触发两种，以下分别予以介绍。

### 6.2.2.1　不可重复触发的集成单稳态触发器

不可重复触发单稳态触发器在进入暂稳态期间，如有下一个触发脉冲作用，则电路的工作
过程不受其影响。仅当电路的暂稳态结束后，输入触发脉冲才会引起电路翻转，且电路输出脉
冲宽度 $t_W$ 仅由 $R$、$C$ 参数确定，其时序图如图 6-8 所示。

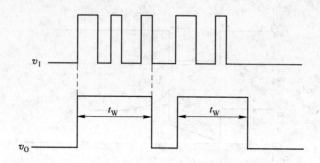

图 6-8　不可重复触发单稳态触发器的波形

TTL 集成器件 74LS121 是一种不可重复触发的集成单稳态触发器。其外形为双列 14 脚直
插式结构。引脚排列图如图 6-9$a$ 所示，其外围器件连接如图 6-9$b$ 所示。

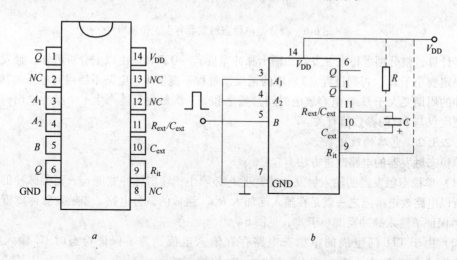

图 6-9　集成器件 74LS121 引脚图及外围器件连接图

$a$—引脚排列图；$b$—外围器件连接图

如前所述，对集成电路最关心的是其引脚功能。74LS121 的功能表如表 6-1 所示。由表得
知，74LS121 有 3 个触发输入端 $A_1$、$A_2$ 和 $B$。当 $A_1$、$A_2$ 两个输入端有一个或两个为低电平，而
$B$ 发生由 0 到 1 的正跳变"↑"（表中倒数 1、2 行）时，或 $B$ 和 $A_1$、$A_2$ 中的一个为高电平，
而输入端中有一个或两个产生由 1 到 0 的负跳变"↓"（表中倒 3、4、5 行）时，电路发生翻
转，输出由稳态变为暂稳态，输出宽度为 $t_W$ 的方波。

74LS121 主要用作定时器。作定时器时，定时电容 $C$ 接在 10（$C_{ext}$）、11（$R_{ext}/C_{ext}$）脚之间。
若定时电容采用电解电容，其正极接 10 脚（$C_{ext}$）。

**表 6-1 74LS121 功能表**

| 输　入 | | | 输　出 | |
| --- | --- | --- | --- | --- |
| $A_1$ | $A_2$ | $B$ | $Q$ | $\overline{Q}$ |
| L | × | H | L | H |
| × | L | H | L | H |
| × | × | L | L | H |
| H | H | × | L | H |
| H | ↓ | H | ⊓ | ⊔ |
| ↓ | H | H | ⊓ | ⊔ |
| ↓ | ↓ | H | ⊓ | ⊔ |
| L | × | ↑ | ⊓ | ⊔ |
| × | L | ↑ | ⊓ | ⊔ |

关于定时电阻 $R$，使用者可以这样选择：

（1）若使用片内电阻（2kΩ），应将 9 脚（$R_{it}$）接电源 $V_{DD}$（14 脚），如图 6-9b 中虚线所示。

（2）若采用外接电阻（阻值在 1.4~40kΩ 之间），此时 9 脚悬空，电阻接在 11（$R_{ext}/C_{ext}$）脚和 14（$V_{DD}$）脚之间，如图 6-9b 中点线所示。

74LS121 的输出脉冲宽度为：

$$t_W = 0.7RC \tag{6-2}$$

通常 $R$ 取值在 2~30kΩ 之间，$C$ 取值在 10pF~10μF 之间，$t_W$ 的范围可达 20ns~200ms，若想获得较宽的输出脉冲，一般使用外接电阻为宜。

### 6.2.2.2 可重复触发的集成单稳态触发器

CMOS 集成电路 54/74HC4538 是常用的双可重复触发的单稳态触发器，片中集成两个可重复触发的单稳态触发器，分别用前缀 1、2 区别。其外形为双列 16 脚直插式结构，其引脚排列如图 6-10a 所示，单个单稳态触发器的外接元器件如图 6-10b 所示。

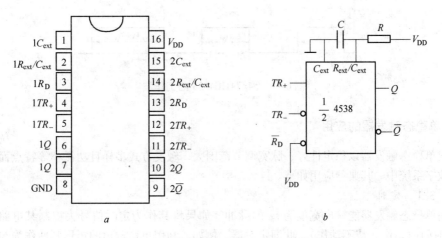

图 6-10 集成电路 54/74HC4538 的引脚图及外围器件连接图

a—引脚图；b—外围器件连接图

54/74HC4538 的功能如表 6-2 所示。由表可知，$R_D$ 为复位清零端，当它为低电平时输出为零（清零）。反之电路工作，当 $\overline{R}_D = 1$ 时：

(1) $TR_+ = 1$ 或 $\overline{TR}_- = 0$ 时，电路处于稳态；

(2) $\overline{TR}_- = 1$，$TR_+$ 输入触发脉冲的上升沿使电路翻转；

(3) $TR_+ = 0$，$\overline{TR}_-$ 输入触发脉冲的下降沿使电路翻转。

表 6-2　54/74HC4538 功能表

| 输　入 | | | 输　出 | | 功　能 |
|---|---|---|---|---|---|
| $\overline{R}_D$ | $TR_+$ | $\overline{TR}_-$ | $Q$ | $\overline{Q}$ | |
| L | × | × | L | H | 清　零 |
| H | ↑ | H | ⊓ | ⊔ | 单　稳 |
| H | L | ↓ | ⊓ | ⊔ | 单　稳 |
| H | H | × | L | H | 稳　态 |
| H | × | L | L | H | 稳　态 |

可重复触发的单稳态触发器的特点是：在暂稳态期间，如果有下一个触发脉冲作用，则电路会重新触发，使暂稳态继续延迟一个 $t_\Delta$ 时间，直至触发脉冲的间隔超过单稳输出脉宽，电路才返回稳态。将 HC4538 按图 6-10b 连接，分别在 $TR_+$ 和 $\overline{TR}_-$ 输入正、负触发脉冲，所得输出波形如图 6-11 所示。由图可见，当 $TR_+$ 连续输入两个触发脉冲时，输出脉冲宽度变宽（等于 $t_W + t_\Delta$）。

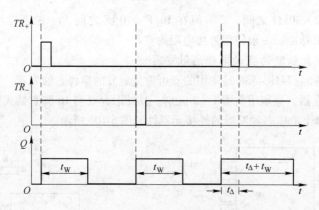

图 6-11　54/74HC4538 的工作波

### 6.2.3　单稳态触发器的应用

集成单稳态触发器以稳定性好、脉宽调节范围大、触发方式多样且功耗小等特点而被广泛使用在数字系统中。其典型应用如下。

#### 6.2.3.1　定时

利用单稳态触发器能输出宽度为 $t_w$ 的脉冲，如果将其作为定时信号去控制某电路，可使其在 $t_w$ 时间内动作（或不动作），此即定时器。例如，利用单稳输出的矩形脉冲作为与门输入控制信号（见图 6-12），则仅在矩形脉冲 $t_w$ 的时间内，信号 $v_A$ 才能通过与门。定时器电路经常使用在数字频率计和数字电压表等数字仪表中。

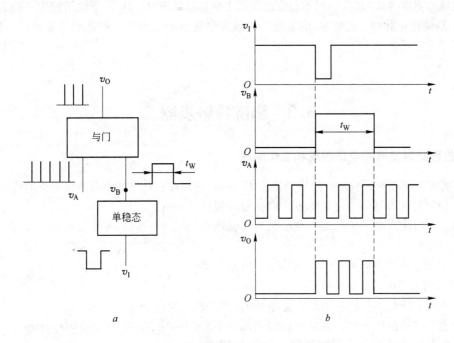

图 6-12 单稳态触发器作定时器的应用

$a$—定时器的电路结构图；$b$—定时器的波形图

#### 6.2.3.2 延时

单稳态触发器的延时作用不难从图 6-6 所示微分型单稳态触发器的工作波形看出。图中输出端 $v_{01}$ 的上升沿相对于输入信号 $v_1$ 的上升沿延迟了一段 $t_W$ 时间。单稳态的延时作用通常用于时序控制，其效果与定时器功能一样。

#### 6.2.3.3 多谐振荡器

利用两个单稳态触发器可以构成多谐振荡器。由两片 74LS121 集成单稳态触发器构成的多谐振荡器如图 6-13 所示，图中开关 $S$ 为振荡器控制开关。

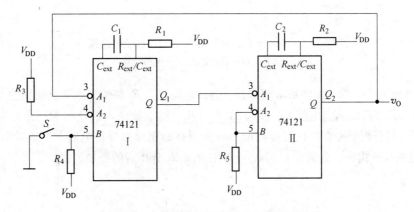

图 6-13 由单稳态触发器组成的多谐振荡器

设开关 $S$ 合上时，电路的初态为 $Q_1 = 0$、$Q_2 = 0$。电路振荡过程为：起始时，单稳态触发器 I 的 $A_1$ 为低电平，开关 $S$ 合上瞬间，$B$ 端产生正跳变，单稳态触发器 I 被触发，$Q_1$ 输出正脉冲，其脉冲宽度为 $0.7R_1C_1$，当单稳态触发器 I 暂稳态结束时，$Q_1$ 的下跳沿触发单稳态触发器 II，$Q_2$ 端输出正脉冲，此后 $Q_2$ 的下跳沿又触发单稳态触发器 I，如此周而复始产生振荡，其振荡周期为：

$$T = 0.7(R_1C_1 + R_2C_2) \tag{6-3}$$

## 6.3 施密特触发器

### 6.3.1 施密特触发器的电路组成和工作原理

施密特触发器是脉冲波形变换中经常使用的一种电路，它在性能上有两个重要的特点：

（1）施密特触发器属于电平触发。即使输入慢变的触发信号，当输入电平达到某一电压值时，输出电压也会发生突变。

（2）对于正向和负向增长的输入信号，电路具有图 6-14 所示的滞后电压传输特性。

利用这两个特点不仅能将边沿变化缓慢的信号波形整形为边沿陡峭的矩形波，而且可以将叠加在矩形脉冲高、低电平上的噪声有效地清除。由两个 CMOS 非门组成的施密特触发器及其电路符号分别如图 6-15a、图 6-15b 所示。

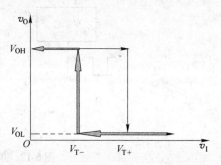

图 6-14 施密特触发器的电压传输特性

在低频模拟电路中，曾经讨论过迟滞电压比较器，它其实是一种由集成运放构成的施密特触发器，数字电路中的施密特触发器与其有异曲同工之处。

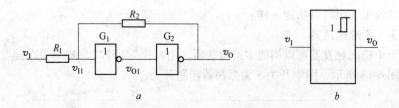

图 6-15 CMOS 非门组成的施密特触发器及电路符号

a—施密特触发器的组成；b—电路符号

由图 6-15a 可知，两个 CMOS 非门串接，分压电阻 $R_1$、$R_2$ 将输出电压反馈到输入端，对电路产生影响。设非门的阈值电压 $V_{th} = V_{DD}/2$，$R_1 < R_2$，以下就输入信号 $v_I$ 为三角波来分析电路的工作过程。与分析迟滞电压比较器相似，可使用叠加原理来分析电路。不难看出，$G_1$ 的输入电压 $v_{I1}$ 由两部分构成，分别是 $v_I$ 和 $v_O$ 经电阻 $R_1$、$R_2$ 分压后的叠加，即：

$$v_{I1} = \frac{R_2}{R_1 + R_2}v_I + \frac{R_1}{R_1 + R_2}v_O \tag{6-4}$$

（1）设初态为：当 $v_I = 0$ 时，$G_1$ 截止，$G_2$ 导通，$v_O = 0$，$v_{I1} = 0$。

（2）随着输入电压 $v_I$ 从 0V 逐渐增加，只要 $v_{I1} < V_{th}$，$G_1$、$G_2$ 状态不变，仍有 $v_O = 0$。

（3）当 $v_I$ 上升到使得 $v_{I1} = V_{th}$ 瞬间，电路产生以下正反馈：

$$v_{\text{II}} \uparrow \longrightarrow v_{\text{O}} \downarrow \longrightarrow v_{\text{O}} \uparrow$$

电路发生翻转，使 $v_{\text{O}} = 1$ （ $\sim V_{\text{DD}}$，见图 6-16），此时的 $v_{\text{I}}$ 值称为施密特触发器的正向阈值电压 $V_{\text{T+}}$。此时：

$$v_{\text{II}} = V_{\text{th}} \approx \frac{R_2}{R_1 + R_2} V_{\text{T+}} \tag{6-5}$$

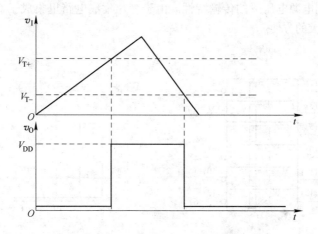

图 6-16 施密特触发器工作波形

从而得到正向阈值电压：

$$V_{\text{T+}} = \left(1 + \frac{R_1}{R_2}\right) V_{\text{th}} \tag{6-6}$$

（4）当 $v_{\text{I}}$ 继续增加到顶点，然后从最大值逐渐下降时，只要 $v_{\text{II}} > V_{\text{th}}$，电路仍维持 $v_{\text{O}} = 1$（ $\sim V_{\text{DD}}$）不变。

（5）一旦 $v_{\text{I}}$ 降到使得 $v_{\text{II}} = V_{\text{th}}$ 时，电路产生如下正反馈：

$$v_{\text{II}} \downarrow \longrightarrow v_{\text{O}} \uparrow \longrightarrow v_{\text{O}} \downarrow$$

电路迅速转换为 $v_{\text{O}} = 0$ 的状态，亦见图 6-16。此时的 $v_{\text{I}}$ 值称为施密特触发器的负向阈值电压 $V_{\text{T-}}$。此时：

$$v_{\text{II}} \approx V_{\text{th}} = \frac{R_2}{R_1 + R_2} V_{\text{T-}} + \frac{R_1}{R_1 + R_2} V_{\text{DD}} \tag{6-7}$$

用 $V_{\text{th}} = \dfrac{V_{\text{DD}}}{2}$ 代入可得：

$$V_{\text{T-}} = \left(1 - \frac{R_1}{R_2}\right) V_{\text{th}} \tag{6-8}$$

只要满足 $v_{\text{I}} < V_{\text{T-}}$，施密特触发器就处于稳定状态 $v_{\text{O}} = 0$。

由式 6-6、式 6-8 可得回差电压为：

$$\Delta V_{\text{T}} = V_{\text{T+}} - V_{\text{T-}} \approx 2 \frac{R_1}{R_2} V_{\text{th}} \tag{6-9}$$

式 6-9 表明，电路回差电压比例于 $\dfrac{R_1}{R_2}$，改变 $R_1$、$R_2$ 的比值可调节回差电压的大小，从而可改变输出脉冲的宽度。

### 6.3.2　集成施密特触发器及其应用

·近年来广泛使用性能稳定的集成施密特触发器。以下介绍常用的 CMOS 集成施密特触发器 CD40106。图 6-17a 为 40106 六施密特触发器的逻辑符号图（注意输出端的小圆圈 "○"），图 6-17b 表示其在不同电源电压下的传输特性。由于一片集成电路里集成了 6 个施密特触发器，给使用者带来了极大的方便。

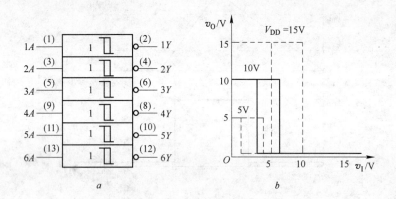

图 6-17　40106 六施密特触发器逻辑图及传输特征

a—施密特触发器逻辑图；b—施密特触发器的传输特征

施密特触发器的主要应用如下。

#### 6.3.2.1　波形的变换和整形

前面在讨论施密特触发器的工作原理时，已得知施密特触发器能将输入三角波变换成矩形波。同理，施密特触发器也能将任意缓慢变化的输入波形变成矩形波，只要满足相应的条件即可，例如只要某时刻 $v_I \geqslant V_{T+}$，而下一时刻 $v_I \leqslant V_{T-}$ 即可。

一般说来，由测量装置送出的信号可能是不规则的波形，必须经施密特触发器整形。例如某电机的光电测速系统在检测电机转速时，可采用图 6-18a 所示的光电测量电路。当

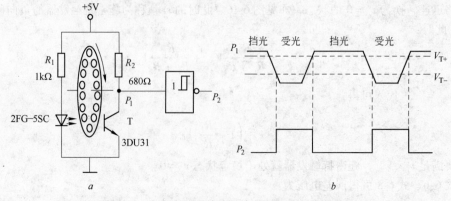

图 6-18　光电测速系统中施密特触发器的整形作用

a—光电测速系统；b—整形输出波形

电机转动时，同轴的转盘孔在发光管与接收管 T 间转动。转盘转动时，在接收管 T 的集电极产生如图 6-18$b$ 中 $P_1$ 所示波形，可实现测速。但该波形不是规则的矩形波，不利于计数器计数。如果在接收管 T 的集电极加接一施密特触发器，适当选择回差电压 $\Delta V_T$，即适当的 $V_{T+}$ 和 $V_{T-}$，如图6-18$a$ 所示，则根据施密特触发器的工作特点，在输出端 $P_2$ 可获得规则的矩形波输出如图6-18$b$ 中 $P_2$ 所示。此外，施密特触发器的接入还能提高电路的带负载能力。

### 6.3.2.2 消除噪声和抗干扰

根据施密特触发器的工作特点，仅当输入电压 $v_I$ 大于 $V_{T+}$ 和小于 $V_{T-}$ 时电路改变状态。因此适当选择回差电压 $\Delta V_T$，还可以抗干扰和除去电路中混入的噪声。例如某矩形脉冲（图6-19$c$）顶部受干扰后波形如图 6-19$a$ 所示，若施密特触发器设计的回差电压 $\Delta V_{T1}$ 较小，输出将出现如图 6-19$b$ 所示的波形，顶部干扰造成了不良影响。若加大回差电压如 $\Delta V_{T2}$，则可以获得如图 6-19$c$ 波形，大大提高了电路的抗干扰能力。同样的电路也可用于除去电路中混入的噪声（脉冲顶部干扰也可以认为是一种"噪声"）。

### 6.3.2.3 幅度鉴别

利用施密特触发器仅当输入电压 $v_I$ 大于 $V_{T+}$ 时电路状态改变这一特点，可以构成所谓脉冲幅度鉴别器。例如 $v_I$ 为一串幅度不等的脉冲（图6-20），若将施密特触发器的 $V_{T+}$ 调整到某个需要的幅度 $V_{th}$，于是大于 $V_{th}$ 的脉冲可以使施密特触发器翻转，输出一个脉冲；而对于小于 $V_{th}$ 的脉冲，电路无输出，从而达到脉冲幅度鉴别的目的。

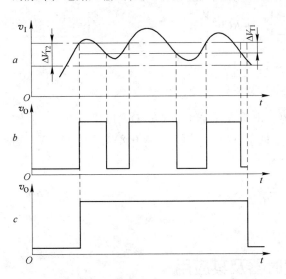
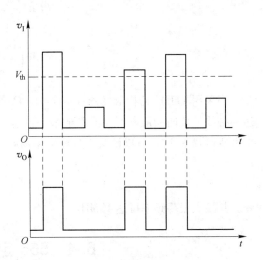

图 6-19 利用回差电压抗干扰  　　　　图 6-20 脉冲幅度鉴别器

$a$—顶部受干扰后的输入信号；$b$—回差电压较小时的
输出波形；$c$—回差电压较大时的输出波形

### 6.3.2.4 多谐振荡器

利用施密特触发器构成多谐振荡器的电路如图 6-21 所示。接通电源后，电容电压为零，$v_o = V_{OH}$。$v_o$ 通过电阻 $R$ 向电容 $C$ 充电（如图中虚线所示），$v_I$ 上升，当 $v_I$ 上升到 $V_{T+}$ 时，电路发生翻转，输出低电平 $v_o = 0$；此后，电容 $C$ 通过 $R$ 放电（如图中点线所示），$v_I$ 下降，当 $v_I$ 降到 $V_{T-}$ 时电路又发生翻转使 $v_o = V_{OH}$。如此周而复始形成振荡，其输出波形如图 6-22 所示。

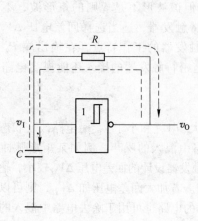

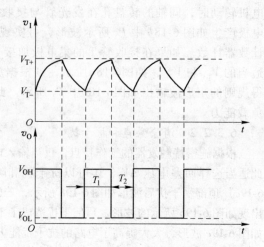

图 6-21　用施密特触发器构成的多谐振荡器　　　图 6-22　施密特触发器构成多谐振荡器的工作波形

若采用 CMOS 施密特触发器，且 $V_{OH} \approx V_{DD}$、$V_{OL} = 0$，由图 6-22 的波形图，经计算可得多谐振荡器的振荡周期为：

$$T = T_1 + T_2$$

$$= RC\ln\frac{V_{DD} - V_{T-}}{V_{DD} - V_{T+}} + RC\ln\frac{V_{T+}}{V_{T-}}$$

$$= RC\ln\left(\frac{V_{DD} - V_{T-}}{V_{DD} - V_{T+}}\frac{V_{T+}}{V_{T-}}\right) \tag{6-10}$$

当采用 TTL 施密特触发器（如 74LS14）时，电阻 $R$ 不能大于 $470k\Omega$，以保证输入端能够达到必要的负向阈值电平。但 $R$ 的最小值也不能低于 $100\Omega$。若取 $V_{T-} = 0.8V$、$V_{T+} = 1.6V$，输出电压摆幅为 3V，可以证明，其输出振荡频率为：

$$f = \frac{0.7}{RC} \tag{6-11}$$

其最大振荡频率可达 10MHz。

## 6.4　555 定时器及其应用

555 定时器是一种应用极为广泛的中规模集成电路。它只需外接少量的阻容器件就可以构成单稳态触发器、多谐振荡器及施密特触发器等电路。该电路使用灵活、方便，广泛用于信号的产生、变化、控制与检测等场合。

555 定时器分双极型和 CMOS 两种类型。双极型定时器的型号有 NE555（或 5G555），CMOS 的型号为 C555 等。无论哪种类型的 555 定时器，其内部电路结构都一样。它们的区别在于双极型定时器具有较大的驱动能力，最大负载电流可达 200mA，其电源电压范围为 5～16V；而 CMOS 定时器的输入阻抗高、功耗低，其电源电压范围为 3～18V，最大负载电流在 4mA以下。

### 6.4.1 555 定时器的内部结构

#### 6.4.1.1 555 定时器外部引脚排列和内部结构

555 定时器为 8 脚直插式结构。为减少体积，现在也有贴片式的集成块出售。其外部引脚排列图如图 6-23*b* 所示。

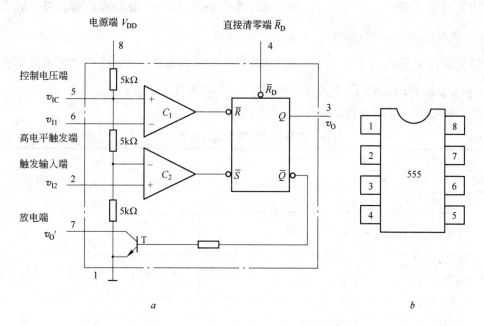

图 6-23 555 定时器外部引脚排列及内部电路图
*a*—555 内部简化电路图；*b*—555 引脚排列图

各引脚的作用如下：

（1）引脚 1 为接地的端子；

（2）引脚 2 为触发信号（脉冲或电平）输入端；

（3）引脚 3 为输出端；

（4）引脚 4 是直接清零端（$\bar{R}_D$ 复位）；

（5）引脚 5 为控制电压端；

（6）引脚 6 为高电平触发端（阈值输入端）；

（7）引脚 7 为放电端；

（8）引脚 8 为接外部电源的端子（$V_{DD}$ 端）。

555 定时器的内部结构简化电路如图 6-23*a* 所示。其中，由 3 个阻值为 5kΩ 的电阻组成一分压器（555）；有 2 个电压比较器 $C_1$ 和 $C_2$；1 个基本 RS 触发器和 1 只放电三极管 T。定时器的主要功能取决于比较器的输出控制 RS 触发器和放电管 T 的状态。图中 $\bar{R}_D$ 为复位（直接清零）端，当 $\bar{R}_D$ 为低电平时，不管其他输入端的状态如何，输出 $v_0$ 为低电平；正常工作时，$\bar{R}_D$ 接高电平。

#### 6.4.1.2 555 定时器工作原理

由图 6-23*a* 可见，当 5 脚（控制电压端）悬空时，比较器 $C_1$ 和 $C_2$ 的比较电压分别为

$\dfrac{1}{3}V_{DD}$ 和 $\dfrac{2}{3}V_{DD}$ 。

（1）当 $v_{I1} > \dfrac{2}{3}V_{DD}$ 、$v_{I2} > \dfrac{1}{3}V_{DD}$ 时，比较器 $C_1$ 输出低电平，比较器 $C_2$ 输出高电平，基本 RS 触发器置 0，$\overline{Q} = 1$，放电三极管 T 导通，输出端 $v_O = Q$ 为低电平。

（2）当 $v_{I1} < \dfrac{2}{3}V_{DD}$ 、$v_{I2} < \dfrac{1}{3}V_{DD}$ 时，比较器 $C_1$ 输出高电平，比较器 $C_2$ 输出低电平，基本 RS 触发器置 1，$\overline{Q} = 0$，放电三极管 T 截止，输出端 $v_O$ 为高电平。

（3）当 $v_{I1} < \dfrac{2}{3}V_{DD}$ 、$v_{I2} > \dfrac{1}{3}V_{DD}$ 时，比较器 $C_1$ 输出高电平，比较器 $C_2$ 也输出高电平，基本 RS 触发器的 $R = 1$、$S = 1$，触发器状态不变，电路亦保持原状态不变。

综上所述，555 定时器功能如表 6-3 所示。

**表 6-3　555 定时器功能表**

| 输　　入 | | | 输　　出 | |
| --- | --- | --- | --- | --- |
| 阈值输入（$V_{I1}$） | 触发输入（$V_{I2}$） | 复位（$R_D$） | 输出（$V_O$） | 放电管 T |
| × | × | 0 | 0 | 导　通 |
| $< \dfrac{2}{3}V_{DD}$ | $< \dfrac{1}{3}V_{DD}$ | 1 | 1 | 截　止 |
| $> \dfrac{2}{3}V_{DD}$ | $> \dfrac{1}{3}V_{DD}$ | 1 | 0 | 导　通 |
| $< \dfrac{2}{3}V_{DD}$ | $> \dfrac{1}{3}V_{DD}$ | 1 | 不变 | 不　变 |

如果在 5 脚电压控制端外加 $0 \sim V_{DD}$ 的电压，比较器的参考电压将发生变化，电路的阈值、触发电平亦将随之变化，进而影响电路的工作状态。

### 6.4.2　555 定时器的应用

#### 6.4.2.1　用 555 定时器构成单稳态触发器

由 555 定时器构成的单稳态触发器电路及工作波形分别如图 6-24a、图 6-24b 所示。

下面分析该电路的工作过程：

（1）稳态。电源接通瞬间，电源 $V_{DD}$ 通过电阻 R 向电容 C 充电，当 $v_C$ 上升到 $\dfrac{2}{3}V_{DD}$ 时，$v_{I1}$ 呈高电平，设 $v_I$（即 $v_{I2}$）的初始状态为高电平且大于 $\dfrac{1}{3}V_{DD}$，基本 RS 触发器的 $R = 0$、$S = 1$，触发器复位，经与非门、非门输出后，使 $v_O$ 为低电平；而与非门输出的高电平又使放电管导通，7 与 6 脚为低电平，此时电容 C 放电并有 $R = 1$，电路进入稳定状态。

（2）触发翻转。若在输入端（2 脚）输入一负触发脉冲 $\left( v_{I2} < \dfrac{1}{3}V_{DD} \right)$，则 $R = 1$、$S = 0$，触发器发生翻转，电路进入暂稳态，$v_O$ 输出高电平，放电管 T 截止。电容又被充电，直至 $v_C = \dfrac{2}{3}V_{DD}$ 时，电路又发生翻转，$v_O$ 为低电平，T 导通，电容 C 放电，电路恢复到稳态。电路 $v_I$、$v_C$ 和 $v_O$ 的波形如图 6-24b 所示。该单稳态触发器输出脉冲宽度为：

$$t_{\mathrm{w}} = RC\ln 3 \approx 1.1 RC$$

脉冲宽度 $t_{\mathrm{w}}$（即延时的多少）可从几微秒到数分钟，精度可达 $0.1\%$。电容 $C$ 的取值范围为：几百皮法到几百微法，电阻 $R$ 的取值范围为：几百欧到几兆欧。在电路的暂稳态期间，如果加入如图 6-24$b$ 虚线所示的新触发脉冲，电路状态不受影响。显然电路是不可重复触发的单稳态触发器。当然，也可用 555 组成可重复触发的单稳态触发器，具体请参见参考文献[1,2]。

因为单稳态电路具有延时功能和作定时器使用，所以本电路也是 555 集成电路的定时器应用，"555 定时器" 的命名也源于此。

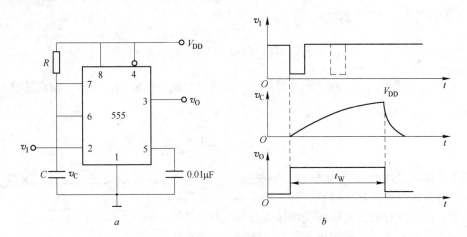

图 6-24 由 555 定时器构成的单稳态触发器
$a$— 555 定时器构成的单稳态触发器电路；$b$—工作波形

### 6.4.2.2 用 555 定时器构成多谐振荡器（无稳态电路）

由 555 定时器构成的多谐振荡器电路及工作波形分别如图 6-25$a$、图 6-25$b$ 所示。

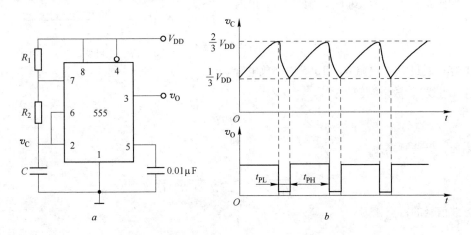

图 6-25 由 555 定时器构成的多谐振荡器
$a$—555 定时器构成的多谐振荡器电路；$b$—工作波形

与图 6-24 相比，本电路将 $v_{\mathrm{I2}}$、$v_{\mathrm{I1}}$（2、6 脚）接在一起，经 $R_2$ 接到放电管的放电端（7 脚）。电路工作过程如下：

（1）电源接通后，$V_{DD}$ 通过电阻 $R_1$、$R_2$ 向电容 $C$ 充电，当 $v_C$ 上升到 $\frac{2}{3}V_{DD}$ 时，触发器被复位，同时放电管 T 导通，$v_o$ 为低电平，电容 $C$ 通过电阻 $R_2$ 和 T 放电，使 $v_C$ 下降。

（2）当 $v_C$ 下降到 $\frac{1}{3}V_{DD}$ 时，触发器又被置位，$v_o$ 翻转为高电平。电容放电所需时间为：

$$t_{PL} = R_2 C \ln 2 \approx 0.7 R_2 C \tag{6-12}$$

（3）当电容 $C$ 放电结束时，放电管 T 截止，$V_{DD}$ 将通过 $R_1$、$R_2$ 向电容 $C$ 充电，当 $v_C$ 由 $\frac{1}{3}V_{DD}$ 上升到 $\frac{2}{3}V_{DD}$ 时，所需时间为：

$$t_{PH} = (R_1 + R_2) C \ln 2 \approx 0.7(R_1 + R_2)C \tag{6-13}$$

（4）当 $v_C$ 上升到 $\frac{2}{3}V_{DD}$ 时，触发器又发生翻转，如此周而复始，于是在输出端输出一周期性方波，其振荡频率为：

$$f = \frac{1}{t_{PL} + t_{PH}} \approx \frac{1.43}{(R_1 + 2R_2)C} \tag{6-14}$$

频率范围可从零点零几赫兹到上兆赫兹。由于 555 内部比较器灵敏度较高，且采用了差分电路形式，所以它的振荡频率受电源电压和温度变化的影响较小，其电源电压使用范围较宽，一般在 3～18V 之间。

如果将图 6-25 的电路改成图 6-26 的形式，用二极管 $D_1$、$D_2$ 隔离电容的充放电回路，电路将变成占空比可调的多谐振荡器。图中 $V_{DD}$ 对电容充电的回路是 $R_A$、$D_1$ 到 $C$（虚线），充电时间为：

$$t_{PH} \approx 0.7 R_A C \tag{6-15}$$

电容 $C$ 通过 $D_2$、电阻 $R_B$ 和 555 内部放电管 T 放电（点线），放电时间为：

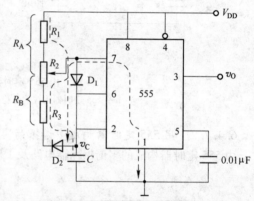

图 6-26　占空比可调的方波发生器

$$t_{PL} \approx 0.7 R_B C \tag{6-16}$$

因而，振荡频率为：

$$f = \frac{1}{t_{PL} + t_{PH}} \approx \frac{1.43}{(R_A + R_B)C} \tag{6-17}$$

方波信号的占空比为：

$$q = \frac{R_A}{R_A + R_B} \times 100\% \tag{6-18}$$

可见，改变 $R_A$ 与 $R_B$ 的比值，可调整方波的占空比。如果输出端接入扬声器，改变占空比就可改变扬声器的"音调"。

### 6.4.2.3　用 555 定时器构成施密特触发器

　　将 555 定时器的阈值输入端（6 脚）和触发输入端（2 脚）连在一起，便构成了施密特触发器（图 6-27a），当输入如图 6-27b 所示三角波信号时，则从施密特触发器的 $v_{O1}$ 端可得方波输出。

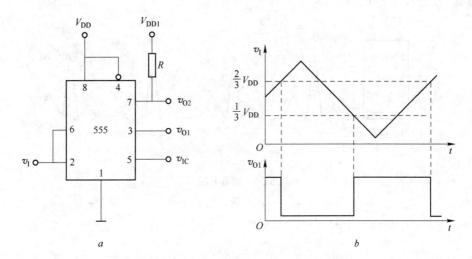

图 6-27　由 555 定时器构成的施密特触发器

a—555 构成的施密特触发器；b—工作波形

　　如将图中 5 脚外接控制电压 $v_{IC}$，改变 $v_{IC}$ 的大小，即改变了比较器的比较电压，从而可以调节回差电压范围，即可改变方波宽度。如将 555 定时器的放电端（7 脚）用电阻 $R$ 与另一电源 $V_{DD1}$ 相接，相当于改变了放电管 T 的集电极电压，于是由 $v_{O2}$ 输出的信号可实现电平转换。

　　以上仅讨论了由 555 定时器组成单稳态触发器、多谐振荡器和施密特触发器的简单电路。实际上，由于 555 定时器的比较器灵敏度高，输出驱动电流大，外接电路简单，电路功能灵活多变，因而在实际使用中获得了广泛应用，读者可参阅相关书籍或在网上查询相关资料。

## 6.5　本章小结

　　（1）施密特触发器：输出高低电平随输入信号而变化。由于滞回特性，可以明显改善输出波形的边沿。

　　（2）单稳态触发器：输出完全取决于电路参数，输入信号只起触发作用，所以输出可以产生固定宽度的脉冲信号。

　　（3）多谐振荡器：不需要外加输入信号，工作电源接通就可以自动产生矩形脉冲信号。

　　（4）555 集成定时器：通过不同的连接，配合少量的外部元件，可以实现上述三种电路。

### 习　题

6-1　图 6-28 所示为 555 构成的施密特触发器，当输入信号为图示周期性心电波形时，试画出经施密特触发器整形后的输出电压波形。

6-2　图 6-29 所示电路为一个回差可调的施密特触发电路，它是利用射极跟随器的发射极电阻来调节回差的。试求：

（1）分析电路的工作原理；

（2）当 $R_{e1}$ 在 $50 \sim 100\Omega$ 的范围内变动时，回差电压的变化范围。

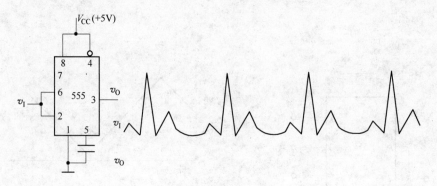

图 6-28　题 6-1 图

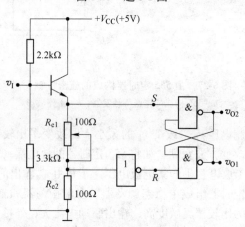

图 6-29　题 6-2 图

6-3　图 6-30 为一通过可变电阻 $R_W$ 实现占空比调节的多谐振荡器，图中 $R_W = R_{W1} + R_{W2}$，试分析电路的工作原理，求振荡频率 $f$ 和占空比 $q$ 的表达式。

6-4　图 6-31 是用两个 555 定时器接成的延时报警器。当开关 $S$ 断开后，经过一定的延迟时间后，扬声器

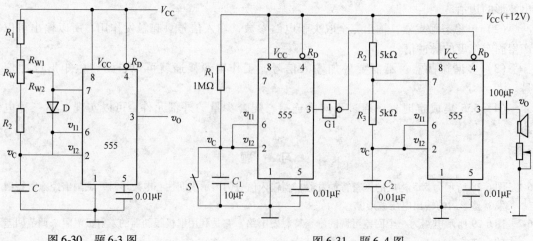

图 6-30　题 6-3 图　　　　　　　　　　图 6-31　题 6-4 图

开始发声。如果在延迟时间内开关 $S$ 重新闭合，扬声器不会发出声音。在图中给定参数下，试求延迟时间的具体数值和扬声器发出声音的频率。图中 $G_1$ 是 CMOS 反相器，输出的高、低电平分别为 $V_{OH} = 12V$、$V_{OL} \approx 0V$。

6-5　图 6-32 是救护车扬声器发声电路。在图中给定的电路参数下，设 $V_{CC} = 12V$ 时，555 定时器输出的高、低电平分别为 11V 和 0.2V，输出电阻小于 100Ω，试计算扬声器发声的高、低音的持续时间。

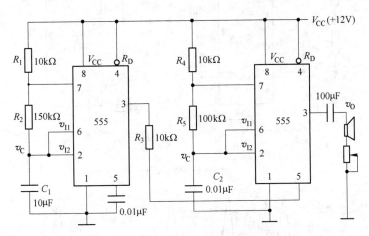

图 6-32　题 6-5 图

6-6　一过压监视电路如图 6-33 所示，试说明当监视电压 $v_x$ 超过一定值时，发光二极管 D 将发出闪烁的信号（提示：当晶体管 T 饱和时，555 的管脚 1 端可认为处于低电位）。

6-7　图 6-34 所示电路是由 555 构成的锯齿波发生器，三极管 T 和电阻 $R_1$、$R_2$、$R_e$ 构成恒流源电路，给定时电容 $C$ 充电，当触发输入端输入负脉冲后，画出触发脉冲、电容电压 $V_C$ 及 555 输出端 $v_0$ 的电压波形，并计算电容 $C$ 的充电时间。

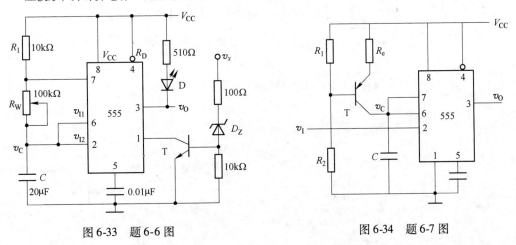

图 6-33　题 6-6 图　　　　　　　　　图 6-34　题 6-7 图

6-8　图 6-35 所示电路是由两个 555 定时器构成的频率可调而脉宽不变的方波发生器，试说明其工作原理；确定频率变化的范围和输出脉宽；解释二极管 D 在电路中的作用。

6-9　图 6-36 为一心律失常报警电路，图中 $v_1$ 是经过放大后的心电信号，其幅值 $v_{Im} = 4V$。设 $v_{02}$ 初态为高电平。

（1）对应 $v_1$ 分别画出图中 $v_{01}$、$v_{02}$、$v_0$ 三点的电压波形；

（2）说明电路的组成及工作原理。

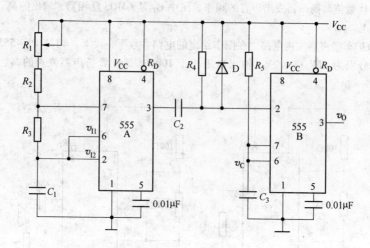

图 6-35  题 6-8 图

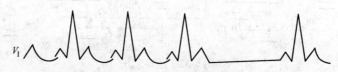

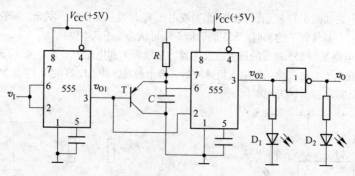

图 6-36  题 6-9 图

# 7　模拟量和数字量的转换

数字系统与模拟系统相比具有很多优点，特别是计算机在自动控制、数字通信、检测设备以及许多领域的广泛应用，使系统具有高度智能化的优点，所以目前先进的信息处理和自动控制设备大都采用数字系统，如数字通信系统、数字电视及广播、数控系统、数字仪表等。

数字系统能处理时间和幅值都是离散的数字信号，然而现实物理空间中存在的绝大多数信号都是时间和幅值连续变化的模拟信号，如电压、电流、声音、图像、温度、压力、光通量等；要用数字系统处理这些信号，必须首先将这些模拟量转换成数字量。如果模拟量是非电的模拟量，还应先通过换能器或传感器将其变换成电模拟量，然后再转换成数字量。这种将电模拟量转换成数字量的过程称为"模/数转换"，完成转换的电路称为模/数转换器（A/D 转换器），简称 ADC（analog to digital converter）。同时，经过数字系统处理后的数字量，有时又需要再转换成模拟量，以便实际使用（如用来视、听、唱或驱动模拟设备），这种转换称为"数/模转换"。完成数/模转换的电路称为数/模转换器（D/A 转换器），简称 DAC（digital to analog converter）。常称 ADC 和 DAC 为数字系统的重要接口部分，图 7-1 是典型数字系统结构。

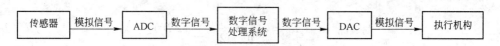

图 7-1　典型数字系统结构

模拟量与数字量之间相互转换的前提是转换结果的准确性，因此，ADC 和 DAC 必须有足够的转换精度。如果是应用于实时性转换要求较高的控制和测量系统，则 ADC 和 DAC 必须有足够快的转换速度，以满足系统实时性的要求。因此，转换速度和转换精度是衡量 ADC 和 DAC 性能优劣的主要指标。

## 7.1　数/模(D/A)转换器

### 7.1.1　倒 T 形电阻网络 D/A 转换器

#### 7.1.1.1　电路组成

4 位倒 T 形电阻网络 D/A 转换电路如图 7-2 所示。它由求和运算放大器、基准电源 $V_{REF}$、$R$-$2R$ 倒 T 形电阻网络和电子模拟开关 $S_0 \sim S_3$ 等四部分组成。

#### 7.1.1.2　工作原理

由图 7-2 可见，模拟开关 $S_i$ 由输入数码 $D_i$ 控制，当 $D_i = 1$ 时，$S_i$ 接运算放大器反相端，电流 $I$ 流入求和电路；当 $D_i = 0$ 时，将电阻 $2R$ 接地。分析 $R$-$2R$ 电阻网络可见，从每个节点向右看去的二端网络等效电阻均为 $R$，流入每个 $2R$ 电阻的电流从高位到低位按 2 的整数倍递减。因此从数字量高位 $D_3(=1)$ 至低位 $D_0(=1)$ 的电流分别为：

$$I_3 = \frac{I}{2}, I_2 = \frac{I}{4}, I_1 = \frac{I}{8}, I_0 = \frac{I}{16}$$

(7-1)

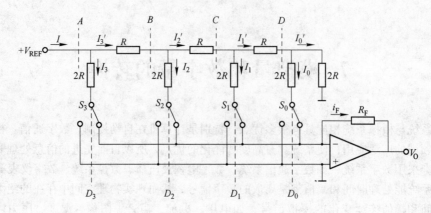

图 7-2  4 位 $R$-$2R$ 倒 T 形电阻网络 D/A 转换器

式中，$I = \dfrac{V_{REF}}{R}$。

于是可得总电流：

$$i_F = \frac{V_{REF}}{R}\left(\frac{D_0}{2^4} + \frac{D_1}{2^3} + \frac{D_2}{2^2} + \frac{D_3}{2^1}\right) = \frac{V_{REF}}{2^4 \times R}\sum_{i=0}^{3}(2^i D_i) \tag{7-2}$$

输出电压：

$$V_O = -i_F R_F = -\frac{R_F}{R} \cdot \frac{V_{REF}}{2^4}\sum_{i=0}^{3}(2^i D_i) \tag{7-3}$$

将输入数字量扩展到 $n$ 位，可得 $n$ 位倒 T 形电阻网络 D/A 转换器输出模拟量与输入数字量之间的一般关系式如下：

$$V_O = -\frac{R_F}{R} \cdot \frac{V_{REF}}{2^n}\Big[\sum_{i=0}^{n-1}(2^i D_i)\Big] \tag{7-4}$$

要使 D/A 转换器具有较高的精度，对电路中的参数有以下要求：

（1）基准电压稳定性好；

（2）倒 T 形电阻网络中 $R$ 和 $2R$ 电阻的比值精度要高；

（3）每个模拟开关的开关电压降要相等，为实现电流从高位到低位按 2 的整倍数递减，模拟开关的导通电阻也相应地按 2 的整倍数递增。

由于在倒 T 形电阻网络 D/A 转换器中，各支路电流直接流入运算放大器的输入端，它们之间不存在传输上的时间差。电路的这一特点不仅提高了转换速度，也减少了动态过程中输出端可能出现的尖脉冲。

### 7.1.2  D/A 转换器的主要技术指标

#### 7.1.2.1  分辨率

D/A 转换器的分辨率用输出二进制数的位数表示，位数越多，误差越小，转换精度越高。例如，输入模拟电压的变化范围为 0 ~ 5V，输出 8 位二进制数可以分辨的最小模拟电压为 20mV；而输出 12 位二进制数可以分辨的最小模拟电压为 1.22mV。

#### 7.1.2.2  转换精度

转换精度是实际输出值与理论计算值之差，这种差值越小，转换精度越高。转换过程中存在各种误差，包括静态误差和温度误差。静态误差主要有以下几种：

（1）非线性误差。D/A 转换器每相邻数码对应的模拟量之差应该都是相同的，即理想转换特性应为直线。我们把在满量程范围内偏离转换特性的最大误差叫非线性误差，它与最大量程的比值称为非线性度。

（2）漂移误差，又叫零位误差。它是由运算放大器零点漂移产生的误差。当输入数字量为 0 时，由于运算放大器的零点漂移，输出模拟电压并不为 0。这使输出电压特性与理想电压特性产生一个相对位移。零位误差将以相同的偏移量影响所有的码。

（3）比例系数误差，又叫增益误差。它是转换特性的斜率误差。一般地，由于 $V_{REF}$ 是 D/A 转换器的比例系数，所以，比例系数误差一般是由参考电压 $V_{REF}$ 的偏离而引起的，它将以相同的百分数影响所有的码。

### 7.1.2.3 转换速度

转换速度是指完成一次转换所需的时间，转换时间是指从接到转换控制信号开始，到输出端得到稳定的数字输出信号所经过的这段时间。

### 7.1.2.4 满量程

满量程是输入数字量全为 1 时再在最低位加 1 时的模拟量输出，它是个理论值，可以趋近，但永远达不到。如果输出模拟量是电压量，则满量程电压用 $V_{FS}$ 表示；如果输出模拟量是电流量，则满量程电流用 $I_{FS}$ 表示。

## 7.1.3 集成 D/A 转换器 AD7520、ADC0832 及其应用

现代 D/A 转换器大多作成集成电路，单片集成 D/A 转换器产品的种类繁多，性能指标各异，按其内部电路结构不同一般分为两类：一类集成芯片内部只集成了电阻网络（或恒流源网络）和模拟电子开关，另一类则集成了组成 D/A 转换器的全部电路。集成 D/A 转换器 AD7520 属于前一类，下面以它为例介绍集成 D/A 转换器的结构及其应用。

### 7.1.3.1 AD7520 的结构原理

AD7520 是 10 位 CMOS 电流开关型 D/A 转换器，其结构简单，通用性好。AD7520 芯片内只含倒 T 形电阻网络、CMOS 电流开关和反馈电阻（$R = 10k\Omega$），该集成 D/A 转换器在应用时必须外接参考电压源和运算放大器。由 AD7520 采用内部反馈电阻组成的 D/A 转换电路如图 7-3 所示。

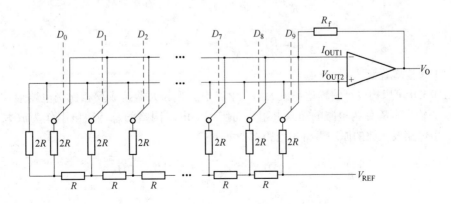

图 7-3 由 AD7520 组成的 D/A 转换器

图 7-3 中每个电子开关的实际电路如图 7-4 所示，它是由 9 个 MOS 管组成的 CMOS 模拟开关电路。图中 $V_1 \sim V_3$ 组成电平转移电路，使输入信号能与 TTL 电平兼容。$V_4$、$V_5$ 及 $V_6$、$V_7$ 组成两个反相器，分别作模拟开关管 $V_8$、$V_9$ 的驱动电路，$V_8$、$V_9$ 构成单刀双掷开关。

当 $D_i = 1$ 时，$V_1$ 输出低电平，$V_4$、$V_5$ 反相器输出高电平，而 $V_6$、$V_7$ 反相器输出低电平，从而使 $V_8$ 截止、$V_9$ 导通，$2R$ 电阻经 $V_9$ 接至运算放大器的反相输入端，权电流流入运算放大器。

当 $D_i = 0$ 时，$V_1$ 输出高电平，$V_4$、$V_5$ 反相器输出的低电平使 $V_9$ 截止，$V_6$、$V_7$ 反相器输出的高电平使 $V_8$ 导通，这样 $2R$ 电阻经 $T_8$ 接地。CMOS 模拟开关导通电阻较大，通过工艺设计可控制其大小并计入电阻网络。该电路具有使用简便，功耗低，转换速度较快，温度系数小，通用性强等优点。

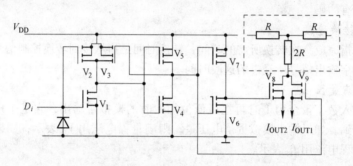

图 7-4　CMOS 模拟开关电路

### 7.1.3.2　AD7520 的应用

D/A 转换器在实际电路中应用很广，它不仅常作为接口电路用于微机系统，而且还可利用其电路结构特征和输入、输出电量之间的关系构成数控电流源、电压源、数字式可编程增益控制电路和波形产生电路等。

**A　单极性输出典型 D/A 电路**

图 7-3 所示是由 AD7520 组成的 D/A 转换电路。电路由 AD7520 与求和运算放大器组成，运算放大器接成反相比例形式，反馈电阻 RF 利用 AD7520 内部提供的 10kΩ 电阻，也可另外再串接电阻。由前面分析可知，此电路的转换关系为：

$$V_O = -\frac{R_f V_{REF}}{2^{10}R}(2^9 D_9 + 2^8 D_8 + \cdots + 2^1 D_1 + 2^0 D_0) \tag{7-5}$$

$$= -\frac{V_{REF}}{2^{10}}(2^9 D_9 + 2^8 D_8 + \cdots + 2^1 D_1 + 2^0 D_0) \tag{7-6}$$

**B　可编程增益放大器**

用 AD7520 可以构成可编程增益放大器。电路中运算放大器接成反相比例电路形式，$v_I$ 为输入，$v_O$ 为输出，$R_f$ 作为电路的输入电阻，而倒 T 形电阻网络的总等效电阻作为放大器的反馈电阻。由电路及运放的原理可得出电路增益如下：

$$\frac{v_I}{R_f} = -\frac{v_O}{2^{10}R}(2^9 D_9 + 2^8 D_8 + \cdots + 2^1 D_1 + 2^0 D_0) \tag{7-7}$$

$$A_v = \frac{v_O}{2^{10}R} = -\frac{2^{10}}{2^9 D_9 + 2^8 D_8 + \cdots + 2^0 D_0} \tag{7-8}$$

可以看出，只要调整数字信号 D 的数值，即可改变放大器的增益，做到增益可编程。

### 7.1.3.3 ADC0832 的应用

ADC0832 是美国国家半导体公司生产的一种 8 位分辨率、双通道 D/A 转换芯片。其内部结构如图 7-5 所示。由于它体积小、兼容性强、性价比高而深受使用单位及单片机爱好者的欢迎，目前已有很高的普及率。ADC0832 经常与单片机或其他微机系统组成 D/A 变换系统。了解 ADC0832 有助于学习 D/A 转换器的原理，并能大大提高对单片机的应用能力。详细应用可参见《单片机原理》等有关书籍。

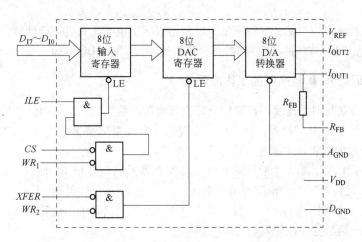

图 7-5 ADC0832 内部结构图

（1）ADC0832 的特点有：

1）8 位分辨率；

2）双通道 D/A 转换；

3）输入、输出电平与 TTL/CMOS 相兼容；

4）5V 电源供电时输入电压在 0 ~ 5V 之间；

5）工作频率为 250kHz，转换时间为 32μs；

6）一般功耗仅为 15mW；

7）20P—DIP（双列直插）、PICC 多种封装；

8）商用级芯片温宽为 0 ~ +70℃，工业级芯片温宽为 0 ~ +85℃；

9）8 位并行、中速（建立时间 1μs）、电流型、价格低廉（10 ~ 20 元）。

（2）DAC0832 芯片的引脚和逻辑结构见图 7-5，各引脚的功能分别为：

1）$V_{DD}$：芯片电源电压，+5 ~ +15V；

2）$V_{REF}$：参考电压，−10 ~ +10V；

3）$R_{FB}$：反馈电阻引出端，此端可接运算放大器输出端；

4）$A_{GND}$：模拟信号地；

5）$D_{GND}$：数字信号地；

6）$D_{I7}$ ~ $D_{I0}$：数字量输入信号，其中 $D_{I0}$ 为最低位，$D_{I7}$ 为最高位；

7）ILE：输入锁存允许信号，高电平有效；

8）CS：片选信号，低电平有效；

9）$WR_1$：写信号 1，低电平有效；

10）*XFER*：转移控制信号，低电平有效；

11）*WR*$_2$：写信号 2，低电平有效；

12）*I*$_{OUT1}$：模拟电流输出端 1，当输入数字为全"1"时，输出电流最大，全"0"时，输出电流为 0；

13）*I*$_{OUT2}$：模拟电流输出端 2，$I_{OUT1} + I_{OUT2} =$ 常数。

# 7.2　模/数(A/D)转换器

实用中经常要求将模拟量变成数字量，以便用数字系统或计算机进行处理，这种转换称为"模/数转换"。完成模/数转换的电路称为模/数转换器，简称 ADC(analog to digital converter)。

## 7.2.1　逐次逼近型 A/D 转换器的工作原理

可以用各种方法将时间连续的模拟信号转换成离散的数字信号，其中精度较高且经常使用的方法是逐次逼近型 A/D 转换器，图 7-6 为逐次逼近型 A/D 转换器原理图，其工作原理如下：

（1）转换开始前先将逐次逼近寄存器 SAR 清"0"；

（2）开始转换以后，第 1 个时钟脉冲首先将寄存器最高位置成 1，使输出数字为 100…0。这个数码被 D/A 转换器转换成相应的模拟电压 $V_0$，经偏移 $\Delta/2$ 后得到 $V_0' = V_0 - \Delta/2$，并送到比较器中与 $V_1'$ 进行比较，若 $V_1' < V_0'$，说明数字过大，故将最高位的 1 清除置零；若 $V_1' \geq V_0'$，说明数字还不够大，应将这一位保留。

（3）然后，按同样的方法将次高位置成 1，并且经过比较以后确定这个 1 是保留还是清除。这样逐位比较下去，一直到最低位为止。比较完毕后，SAR 中的状态就是所要求的数字量输出。

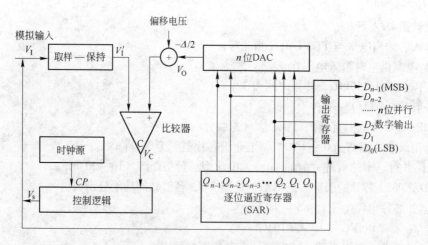

图 7-6　逐次逼近型 A/D 转换器原理图

## 7.2.2　A/D 转换器的主要技术指标

### 7.2.2.1　分辨率

分辨率指 A/D 转换器对输入模拟信号的分辨能力。从理论上讲，一个 $n$ 位二进制数输出的 A/D 转换器应能区分输入模拟电压的 $2n$ 个不同量级，能区分输入模拟电压的最小差异为满

量程输入的 $1/2^n$。例如，A/D 转换器的输出为 12 位二进制数，最大输入模拟信号为 10V，则其分辨率为：

$$分辨率 = \frac{1}{2^{12}} \times 10V = \frac{10V}{4096} = 2.44mV \tag{7-9}$$

#### 7.2.2.2 转换误差

在理想情况下，输入模拟信号所有转换点应当在一条直线上，但实际的特性不能做到。转换误差是指实际的转换点偏离理想特性的误差，一般用最低有效位来表示。注意，在实际使用中，当使用环境发生变化时，转换误差也将发生变化。

#### 7.2.2.3 转换时间和转换速度

转换时间是指完成一次 A/D 转换所需的时间，即从接到转换启动信号开始，到输出端获得稳定的数字信号所经过的时间。转换时间越短意味着 A/D 转换器的转换速度越快。A/D 转换器的转换速度主要取决于转换电路的类型，不同类型 A/D 转换器的转换速度相差很大。双积分型 A/D 转换器的转换速度最慢，需几百毫秒；逐次逼近式 A/D 转换器的转换速度较快，转换速度在几十微秒；并联型 A/D 转换器的转换速度最快，仅需几十纳秒时间。

### 7.2.3 集成 A/D 转换器 ADC0809 及其应用

ADC0809 是采用 CMOS 工艺制成的 8 位 8 通道逐次逼近型 A/D 转换器。

#### 7.2.3.1 ADC0809 特性参数

ADC0809 的特性参数有：

（1）分辨率：8 位；

（2）精度：8 位；

（3）转换时间：$100\mu s$；

（4）增益温度系数：$2 \times 10^{-3}\%/℃$；

（5）输入电平：TTL；

（6）功耗：15mW。

#### 7.2.3.2 ADC0809 工作原理

ADC0809 是带有 8 位 A/D 转换器、8 路开关以及微处理机兼容的控制逻辑的 CMOS 组件，工作原理图如图 7-7 所示。它是逐次逼近式 A/D 转换器，可以和单片机直接连接。ADC0809 由一个 8

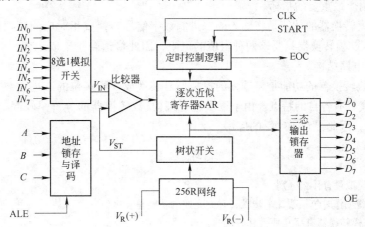

图 7-7 ADC0809 工作原理图

路模拟开关、一个地址锁存与译码器、一个 A/D 转换器和一个三态输出锁存器组成。多路开关可选通 8 个模拟通道，允许 8 路模拟量分时输入，共用 A/D 转换器进行转换。三态输出锁存器用于锁存转换完的数字量，当 OE 端为高电平时，才可以从三态输出锁存器取走转换完的数据。

ADC0809 对输入模拟量的要求有：（1）信号单极性，电压范围是 0 ~ 5V，若信号太小，必须进行放大；（2）输入的模拟量在转换过程中应该保持不变，若模拟量变化太快，则需在输入前增加采样保持电路。

ADC0809 的 $V_{REF}$ 为 +5V 电压。地址输入和控制线 4 条。ALE 为地址锁存允许输入线，高电平有效。当 ALE 线为高电平时，地址锁存与译码器将 A、B、C 三条地址线的地址信号进行锁存，经译码后被选中的通道的模拟量进转换器进行转换。A、B 和 C 为地址输入线，用于选通 $IN_0 ~ IN_7$ 模拟量输入通道中的任意一路。

### 7.2.3.3　ADC0809 的应用说明

ADC0809 一般与单片机或其他微处理器（MPC）一起使用进行 A/D 变换，使用时应遵循以下原则：

（1）ADC0809 内部带有输出锁存器，可以与 AT89S51 单片机直接相连，$D_0 ~ D_8$ 接单片机的数据输入口，地址输入线和控制线连接单片机的控制 I/O 口；

（2）初始化时，使 START 和 OE 信号全为低电平；

（3）由单片机输送需要转换的某一通道地址到 A、B、C 端口上；

（4）在 START 端给出一大于等于 100ns 宽的正脉冲信号；

（5）单片机可根据 EOC 信号来判断 ADC0809 是否转换完毕；

（6）当 EOC 端变为高电平时，单片机给 OE 端加高电平，经 A/D 转换后的数据输出给单片机。

一次 A/D 转换完毕。输入数据经单片机处理后，由 I/O 口送至外接数码管显示所转换的数据。

## 7.3　本章小结

（1）模/数转换器和数/模转换器是现代数字系统的重要组成部分，在计算机控制、快速检测和信号处理等系统中的应用日益广泛。数字系统所能达到的精度和速度最终取决于模/数转换器和数/模转换器的转换精度和转换速度。因此，转换精度和转换速度是模/数转换器和数/模转换器的两个最重要的指标。

（2）数/模转换器的功能是将输入的二进制数字信号转换成相对应的模拟信号输出。由于 T 形电阻网络数/模转换器只要求两种阻值的电阻，因此最适合于集成工艺，集成数/模转换器普遍采用这种电路结构。

（3）模/数转换器的功能是将输入的模拟信号转换成一组多位的二进制数字输出。不同的模/数转换方式具有各自的特点。由于逐次逼近型模/数转换器的分辨率较高、转换误差较低、转换速度较快，因此得到了广泛的应用。

习　　题

7-1　数字量和模拟量有什么区别？

7-2　A/D 转换器工作时包括哪几个步骤，它们完成的功能是什么？

7-3　常见的数/模转换器有哪几种，其各自的特点是什么？

7-4　某个数/模转换器，要求 10 位二进制数能代表 0 ~ 50V，试问此二进制数的最低位代表几伏？

7-5　在如图 7-8 所示的电路中，若 $U_R = +5V$、$R_f = 3R$，其最大输出电压 $u_o$ 是多少？

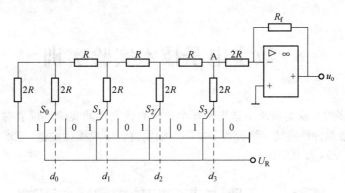

图 7-8　T 形电阻网络数/模转换器

7-6　一个 8 位的 T 形电阻网络数/模转换器，设 $U_R = +5V$，$R_f = 3R$，试求 $d_7 \sim d_0$ 分别为 11111111、11000000、00000001 时的输出电压 $u_o$。

7-7　一个 8 位的 T 形电阻网络数/模转换器，$R_f = 3R$，若 $d_7 \sim d_0$ 为 11111111 时的输出电压 $u_o = 5V$，则 $d_7 \sim d_0$ 分别为 11000000、00000001 时 $u_o$ 各为多少？

7-8　如图 7-9 所示电路是 4 位二进制数权电阻网络数/模转换器的原理图，已知 $U_R = 10V$、$R = 10k\Omega$、$R_f = 5k\Omega$，试推导输出电压 $u_o$ 与输入的数字量 $d_3$、$d_2$、$d_1$、$d_0$ 的关系式，并求当 $d_3d_2d_1d_0$ 为 0110 时输出模拟电压 $u_o$ 的值。

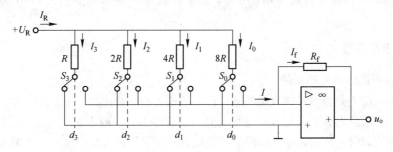

图 7-9　习题 7-8 的图

7-9　电路如图 7-10 所示，试画出输出电压 $u_o$ 随计数脉冲 $C$ 变化的波形，并计算 $u_o$ 的最大值。

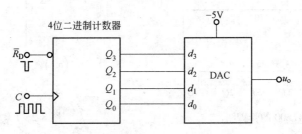

图 7-10　习题 7-9 的图

7-10　D/A 转换器和 A/D 转换器的分辨率说明了什么？

7-11　在 4 位逐次逼近型模/数转换器中，D/A 转换器的基准电压 $U_R = 10\ V$，输入的模拟电压 $u_i = 6.92\ V$，试说明逐次比较的过程，并求出最后的转换结果。

7-12　$U_R$ 和 $u_i$ 的值与题 7-11 相同，如果采用 8 位逐次逼近型模/数转换器，试计算转换结果，并与题 7-11 结果进行比较。

# 8 数字电子技术实验实训

这一章在众多的实验实训课中选出了 6 个比较有代表性的实验供读者参考，它们分别是 TTL 与非门的参数和特性测试、组合数字电路、触发器、中规模计数器、555 应用以及开关稳压电源控制器 SG3524 及其应用。

## 实验 1　TTL 与非门的参数和特性测试

### 一、实验目的

（1）熟悉 TTL 与非门 74LS00 的管脚。

（2）掌握 TTL 与非门的主要参数和静态特性的测试方法，并加深对各参数意义的理解。

### 二、所用器件

与非门 74LS00，其管脚如图 8-1 所示。第 1 位数字表示不同的门，$A$、$B$ 为输入，$Q$ 为输出。

### 三、实验内容及步骤

（1）输入短路电流 $I_{is}$ 的测量

输入短路电流 $I_{is}$ 是指当某输入端接地，而其他输入端开路或接高电平时，流过该接地输入端的电流。输入短路电流 $I_{is}$ 与输入低电平电流 $I_{iL}$ 相差不多，一般不加以区分。按图 8-2 所示方法，在输出端空载时，依次将输入端经毫安表接地，测得各输入端的输入短路电流，并填入表 8-1 中。

图 8-1　74LS00 的管脚图

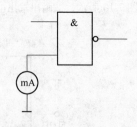

图 8-2　$I_{is}$ 测试方法

**表 8-1　各输入端的输入短路电流**

| 输入端 | 1 | 2 | 4 | 5 | 9 | 10 | 12 | 13 |
|---|---|---|---|---|---|---|---|---|
| $I_{is}$ | | | | | | | | |

（2）静态功耗的测量

按图 8-3$a$ 接好电路，分别测量输出低电平和高电平时的电源电流 $I_{CCH}$ 及 $I_{CCL}$。于是有

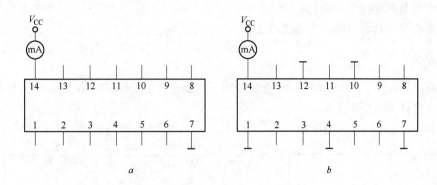

图 8-3　测量静态功耗的电路接法

$a$—测 $I_{CCL}$；$b$—测 $I_{CCH}$

$$P_0 = \frac{I_{CCH} + I_{CCL}}{2} V_{CC}$$

注意：74LS00 含 4 个与非门，测 $I_{CCH}$、$I_{CCL}$ 时，4 个门的状态应相同，图 8-3$a$ 所示测得的为 $I_{CCL}$，测 $I_{CCH}$ 时，为使每一个门都输出高电平，可按图 8-3$b$ 接线。$P_0$ 应除以 4 得出 1 个门的功耗。

（3）电压传输特性的测试

电压传输特性描述的是与非门的输出电压 $u_o$ 随输入电压 $u_i$ 的变化情况，即 $u_o = f(u_i)$。

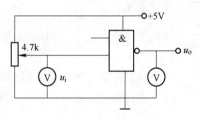

图 8-4　电压传输特性的测试电路

按图 8-4 接好电路，调节电位器，使输入电压、输出电压分别按表 8-2 中给定的各值变化，测出对应的输出电压或输入电压的值填入表 8-2 中。根据测试的数值，画出电压传输特性曲线。

**表 8-2　输入、输出电压对应值**

| $u_i$/V | 0 | 0.4 | 0.8 | | | 2.0 | 2.4 |
|---|---|---|---|---|---|---|---|
| $u_o$/V | | | | 2.4 | 0.4 | | |

（4）最大灌电流 $I_{OLmax}$ 的测量

按图 8-5 接好电路，调整 $R_w$，用电压表监测输出电压 $u_o$，当 $u_o = 0.4\text{V}$ 时，停止改变 $R_w$，将 A、B 两点从电路中断开，用万用表的电阻挡测量 $R_w$，利用公式

$$I_{OLmax} = \frac{V_{CC} - 0.4}{R + R_w}$$

计算 $I_{OLmax}$，然后计算扇出系数 $N = \dfrac{I_{OLmax}}{I_{is}}$。

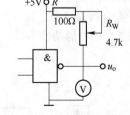

图 8-5　最大灌电流 $I_{OLmax}$ 的测量电路

# 实验 2　组合数字电路

## 一、实验目的

（1）掌握组合数字电路的设计和实现方法。

（2）掌握数据选择器的功能和使用方法。

（3）掌握显示译码器的功能和使用方法。

## 二、所用器件

本实验用器件除了 74LS00 外，还有双四选一数据选择器 74LS253 和显示译码器 74LS47，它们的管脚排列如图 8-6 所示。

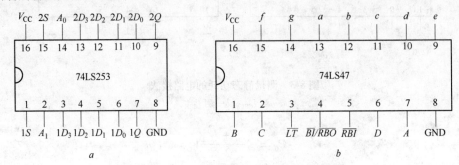

图 8-6　双四选一数据选择器和显示译码器管脚图

a—74LS253 管脚图；b—74LS47 管脚图

## 三、设计要求

（1）用两输入与非门 74LS00 实现半加器，并通过发光二极管显示输出高低电平，高电平点亮。

（2）用双四选一数据选择器 74LS253 实现全加器。

（3）设计测试显示译码器 74LS47 的方法。

## 四、实验内容及步骤

（1）检查与非门

将 74LS00 电源 $V_{CC}$（14 脚）接通 5V 电源；将集成片中 GND 端（7 脚）接地，然后用万用表测每片中的 14 脚与 7 脚之间电压，应为 5V。其他管脚均悬空，用万用表的电压挡测量各管脚的对地电压，输入端对地应有 1.0～1.4V 的电压，而输出的读数大约为 0.2V 左右。

（2）按自行设计的半加器连好电路，也可参考图 8-7，然后按表 8-3 验证其逻辑功能，如实测结果与半加器的功能不符，请自行检查线路排除故障。测试过程中，输入高电平可直接接

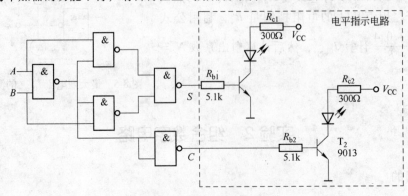

图 8-7　半加器测试电路

$V_{\mathrm{CC}}$，低电平可直接接地。测试完成后电平指示部分电路不要拆，留待以后实验使用（请将这部分电路连接可靠，并放置在合适的位置）。

**表 8-3　半加器的逻辑功能表**

| A | B | S | C |
|---|---|---|---|
| 0 | 0 |   |   |
| 0 | 1 |   |   |
| 1 | 0 |   |   |
| 1 | 1 |   |   |

（3）测试由数据选择器构成的全加器，参考电路见图 8-8，图中控制端 $A_1$、$A_0$ 为两个四选一数据选择器所共用，前面冠以"1"的为一个数据选择器的输入和输出端，冠以"2"的为另一个数据选择器的输入、输出端。$A$、$B$ 为被加数和加数，$C_0$ 为低位来的进位，$S$ 为和，$C_1$ 为向上一位的进位。请按表 8-4 测试其功能（用图 2-2 中的电平指示电路来显示输出）。

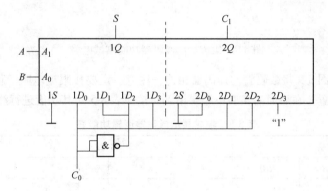

图 8-8　全加器测试电路

**表 8-4　全加器的逻辑功能表**

| 输　入 | | | 输　出 | |
|---|---|---|---|---|
| A | B | $C_0$ | S | $C_1$ |
| 0 | 0 | 0 |   |   |
| 0 | 0 | 1 |   |   |
| 0 | 1 | 0 |   |   |
| 0 | 1 | 1 |   |   |
| 1 | 0 | 0 |   |   |
| 1 | 0 | 1 |   |   |
| 1 | 1 | 0 |   |   |
| 1 | 1 | 1 |   |   |

（4）集成显示译码器的功能测试，74LS47 的外引线排列图如图 8-6$b$ 所示。

各引脚的功能为：

1）$\overline{LT}$：试灯输入，$\overline{LT}=0$ 时各笔划段全亮，显示字型"8"；

2）$\overline{BI}/\overline{RBO}$：作输入时为灭灯输入，$\overline{BI}=0$ 时各笔划段全灭；作为输出端使用时为动态灭灯输出，当动态灭灯输入 $\overline{RBI}=0$，且 DCBA = 0000 时，$\overline{BI/RBO}=0$，使所有笔划段全部熄灭；

3）A、B、C、D（D 为最高位）输入二进制码；

4）a、b、c、d、e、f、g 为各笔划段控制端，低电平输出有效，需配共阳极数码管，数码管外形图、管脚图及与 74LS47 的连接方法如图 8-9 所示。

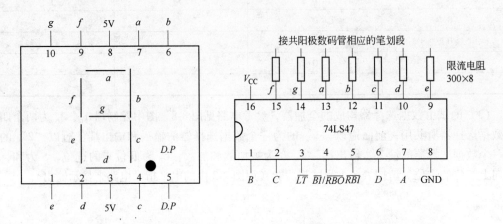

图 8-9　集成显示译码器功能测试电路

测试方法：按图 8-9 将数码管与译码器相连，注意一定要接限流电阻，且要布局紧凑，放在面包板的合适位置，在后面的实验中还要用到。按照表 8-5 对其功能进行测试。

**表 8-5　集成显示译码器逻辑功能表**

| 控制端 | | | BCD8421 码 | | | | 显示字型 |
|---|---|---|---|---|---|---|---|
| $\overline{LT}$ | $\overline{BI/RBO}$ | $\overline{RBI}$ | D | C | B | A | |
| 0 | 1/ | × | × | × | × | × | |
| 1 | 0/ | × | × | × | × | × | |
| 1 | /0 | 0 | 0 | 0 | 0 | 0 | |
| 1 | /1 | 1 | 0 | 0 | 0 | 0 | |
| 1 | /1 | × | 0 | 0 | 0 | 1 | |
| 1 | /1 | × | 0 | 0 | 1 | 0 | |
| 1 | /1 | × | 0 | 0 | 1 | 1 | |
| 1 | /1 | × | 0 | 1 | 0 | 0 | |
| 1 | /1 | × | 0 | 1 | 0 | 1 | |
| 1 | /1 | × | 0 | 1 | 1 | 0 | |
| 1 | /1 | × | 0 | 1 | 1 | 1 | |
| 1 | /1 | × | 1 | 0 | 0 | 0 | |
| 1 | /1 | × | 1 | 0 | 0 | 1 | |
| 1 | /1 | × | 1 | 0 | 1 | 0 | |
| 1 | /1 | × | 1 | 0 | 1 | 1 | |
| 1 | /1 | × | 1 | 1 | 0 | 0 | |
| 1 | /1 | × | 1 | 1 | 0 | 1 | |
| 1 | /1 | × | 1 | 1 | 1 | 0 | |
| 1 | /1 | × | 1 | 1 | 1 | 1 | |
| 1 | /1 | × | | | | | |

注：1. 表中 $\overline{BI/RBO}$ 的状态在"/"上为输入，在"/"下为输出。

2. "×"为任意态。

# 实验 3　555 定时器的应用

## 一、实验目的

（1）熟悉 555 定时器的工作原理。

（2）掌握利用 555 定时器组成脉冲电路的方法。

（3）掌握 D 触发器和 JK 触发器的逻辑功能及其测试方法。

## 二、所用器件

所用的器件有 555 集成定时器、双 D 触发器 74LS74 和双 JK 触发器 74LS112，它们的管脚排列如图 8-10 所示。

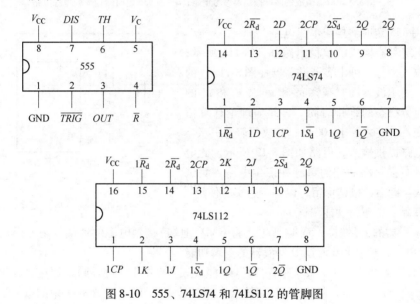

图 8-10　555、74LS74 和 74LS112 的管脚图

## 三、设计要求

（1）用 555 定时器设计一多谐振荡器，输出频率为 1kHz 的方波。

（2）用 555 定时器设计一单稳电路，暂稳态维持时间约为 0.7ms，并考虑如何将该时间变为 100ms。

（3）设计测试 D 触发器特性的实验步骤。

（4）利用 JK 触发器构成时钟脉冲的二分频和四分频电路。

## 四、实验内容及步骤

（1）用 555 定时器组成多谐振荡器

图 8-11a 为用 555 电路组成多谐振荡器的参考电路，用示波器观察振荡器输出 $u_o$ 和 $u_c$ 的波形，测量出输出脉冲的幅度、周期 $T$、频率 $f$、占空比 $D$，并与理论计算值比较，测量 $u_c$ 的最小值最大值，注意使用示波器的直流耦合方式。该电路应保留，为后边实验提供连续时钟脉冲，所以请连接整齐，并放在面包板的合适位置。

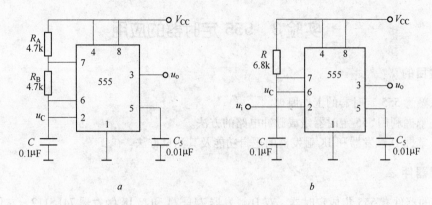

图 8-11　电平指示电路

*a*—由 555 定时器组成的多谐振荡器参考电路；*b*—由 555 定时器构成的单稳电路

（2）用 555 定时器构成单稳电路

用 555 定时器构成的单稳电路如图 8-11*b* 所示，$u_i$ 为触发输入信号，可由多谐振荡器（图 8-11*a*）的输出引来。用示波器同时观察 $u_i$ 和 $u_C$ 及 $u_i$ 和 $u_o$ 的波形，测出暂稳态的维持时间 $t_w$，并与理论计算值比较。改变 $t_w$，使之等于 100ms，并改用轻触开关 $S$ 来为单稳电路提供输入，电路如图 8-12 所示，此电路已成为具有去抖动功能的单脉冲产生电路，测试其 $t_w$，确认正确后，也请保留，以备后边实验使用。

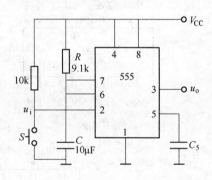

图 8-12　去抖后的参考电路

（3）D 触发器逻辑功能测试

将 D 触发器的 $V_{CC}$ 端接 +5V 电源上，将 GND（地端）接到电源的地端，用万用表检查集成片上的 5V 电压，按表 8-6 测试 D 触发器的逻辑功能。

1）观察 D 触发器的置"0"和置"1"功能（表 8-6 中 1、2 两项）。用接电源和接地的方法来改变 $\overline{R_d}$ 和 $\overline{S_d}$ 的状态，D 端和 CP 端任意（此时悬空即可）。用图 8-11 中的电平指示电路来指示 Q 的高低，把检测结果填入表 8-6。

表 8-6　D 触发器的逻辑功能表

| 序　号 | $\overline{R_d}$ | $\overline{S_d}$ | $D$ | $Q^n$ | $Q^{n+1}$ |
|---|---|---|---|---|---|
| 1 | 0 | 1 | × | × | |
| 2 | 1 | 0 | × | × | |
| 3 | 1 | 1 | 0 | 0 | 0 |
| 4 | 1 | 1 | 0 | 1 | |
| 5 | 1 | 1 | 1 | 0 | |
| 6 | 1 | 1 | 1 | 1 | |

2）测试 D 触发器 D 端的控制功能（表 8-6 中 3、4、5、6 项）。将 $\overline{R_d}$ 和 $\overline{S_d}$ 都置为"1"，用接电源和接地的方法来改变 D 端的状态，将 CP 端接图 8-12 中电路的输出，每按一下轻触开关得到一个脉冲。原状态 $Q^n$ 用直接置 0 和置 1 端来改变，但务必注意，在置完原状态后，应将强迫置"0"和强迫置"1"端均置为"1"，例如在做第 3 项测试时，因为在第 2 项作完时

$Q=1$，须将 $\overline{R_\mathrm{d}}$ 端置为 "0"，立即使 $Q=0$，即将初态置为 "0"，然后应将 $\overline{R_\mathrm{d}}$ 置为 "1"，否则，$D$ 和 $CP$ 端都将无法起作用。当 $D$、$Q^n$ 按表 8-6 中每种状态组合时，来一个手动单脉冲（作 $CP$ 脉冲）后，即得到新状态 $Q^{n+1}$，把检测结果填入表 8-6。

（4）用 JK 触发器构成 T′触发器

根据 JK 触发器的特性方程 $Q^{n+1}=J\overline{Q^n}+\overline{K}Q^n$，将它转换为 T′触发器的最简单方法就是令 $J=K=1$，测试电路可参考图 8-13，连续脉冲取自图 8-11a 的输出，用示波器同时观察 $CP$ 和 $Q$ 的波形，注意 $Q$ 在 $CP$ 的哪个沿翻转，测量它们的频率关系。在此基础上，用两个 JK 触发器构成对时钟脉冲的四分频电路并加以测试。

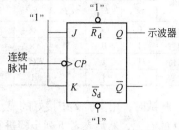

图 8-13　T′触发器测试电路

# 实验 4　中规模计数器

## 一、实验目的

（1）掌握中规模计数器 74LS161 和 74LS90 的功能。

（2）熟悉中规模计数器的使用方法。

（3）学会中规模计数器的变通应用方法。

## 二、所用器件

所用的器件有可预置的同步中规模二—十六进制加法计数器 74LS161 和 2—5 分频异步二—十进制计数器 74LS90，它们的管脚排列如图 8-14 所示。

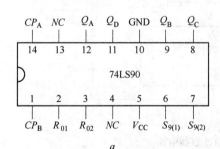
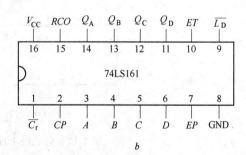

图 8-14　计数器的管脚图

a—74LS90 管脚图；b—74LS161 管脚图

## 三、设计要求

（1）设计 74LS90 和 74LS161 功能的测试方法。

（2）利用 74LS161 的预置数功能实现余三编码十进制计数器。

## 四、实验内容及步骤

（1）74LS161 的功能测试

按照表 8-7 测试 74LS161 的各项功能，并将结果填入表中。

**表 8-7　74LS161 的逻辑功能表**

| 功能 | 输入 | | | | | | | | 输出 | | | |
|---|---|---|---|---|---|---|---|---|---|---|---|---|
| | $\overline{C_r}$ | $\overline{L_D}$ | $CP$ | $EP$ | $ET$ | $D$ | $C$ | $B$ | $A$ | $Q_D$ | $Q_C$ | $Q_B$ | $Q_A$ |
| 清零 | 0 | × | × | × | × | × | × | × | × | | | | |
| 预置 | 1 | 0 | ↑ | × | × | $D$ | $C$ | $B$ | $A$ | | | | |
| 保持 | 1 | 1 | ↑ | $EP \cdot ET = 0$ | | × | × | × | × | | | | |
| 计数 | 1 | 1 | ↑ | 1 | 1 | × | × | × | × | | | | |

测试时，用实验 2 中接好的显示电路来指示计数器的输出，用电平指示电路指示进位信号 $RCO$ 的有无，然后参考下列步骤进行测试：

1）清"0"功能：将 $\overline{C_r}$ 置为 0 态（直接接地即可），其他端任意（可暂时悬空），观察 LED 是否显示"0"。

2）预置数功能：令 $\overline{C_r} = 1$（接 $V_{CC}$）、$\overline{L_D} = 0$ 时，在将 $A$、$B$、$C$、$D$ 置为几种不同的状态时，观察显示的数据是否与预置的数相同。

3）计数和保持功能：令 $\overline{C_r} = \overline{L_D} = EP = ET = 1$ 时，将图 8-12 中手动单脉冲电路的输出接至 $CP$，按动轻触开关，观察计数过程，在实验报告中画出状态转换图；同时注意观察何时出现进位信号；在计数器的输出为某一状态时将 $EP$ 或 $ET$ 改接低电平，然后加手动脉冲，观察所发生的现象。

（2）用 74LS161 接成余三码十进制计数器

用 74LS161 接成余三码十进制计数器，可参考图 8-15 所示电路，$CP$ 接手动单脉冲，观察电路的状态变化过程。可以让电路从"0"态开始计数（利用 $\overline{C_r}$ 端先清零），加入手动单脉冲，直至计数器的状态出现循环为止。

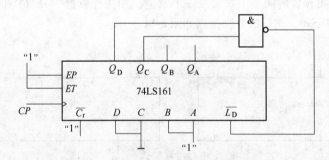

图 8-15　余三码十进制计数器电路

（3）74LS90 的功能测试

按照表 8-8 测试 74LS90 的各项功能，并将结果填入表中。

**表 8-8　74LS90 的逻辑功能表**

| 功能 | 输入 | | | | | | 输出 | | | |
|---|---|---|---|---|---|---|---|---|---|---|
| | $R_{0(1)}$ | $R_{0(2)}$ | $S_{9(1)}$ | $S_{9(2)}$ | $CP_A$ | $CP_B$ | $Q_D$ | $Q_C$ | $Q_B$ | $Q_A$ |
| 清零 | $R_{0(1)} + R_{0(2)} = 1$ | | × | × | × | × | | | | |
| 置9 | 0 | 0 | $S_{9(1)} + S_{9(2)} = 1$ | | × | × | | | | |
| 二分频 | 0 | 0 | 0 | 0 | ↓ | × | | | | |
| 五分频 | 0 | 0 | 0 | 0 | × | ↓ | | | | |
| 十进制计数器 | 0 | 0 | 0 | 0 | ↓ | $Q_A$ | | | | |

测试时，用实验 2 中接好的显示电路来指示计数器的输出，然后参考下列步骤进行测试：

1）清"0"功能：将 $R_{0(1)}$ 或 $R_{0(2)}$ 置为"1"（直接接 $+5V$ 即可），其他端任意（可暂时悬空），观察数码管是否显示"0"。

2）置"9"功能：令 $R_{0(1)} = R_{0(2)} = 0$，将 $S_{9(1)}$ 或 $S_{9(2)}$ 置为"1"（直接接 $+5V$ 即可），观察显示的数据是否为"9"。

3）二分频：令 $R_{0(1)} = R_{0(2)} = S_{9(1)} = S_{9(2)} = 0$ 时，将图 8-15 中手动单脉冲电路的输出接至 $CP_A$，按动轻触开关，观察计数过程。

4）五分频：令 $R_{0(1)} = R_{0(2)} = S_{9(1)} = S_{9(2)} = 0$ 时，将图 8-15 中手动单脉冲电路的输出接至 $CP_B$，按动轻触开关，观察计数过程。

5）十进制计数器：令 $R_{0(1)} = R_{0(2)} = S_{9(1)} = S_{9(2)} = 0$ 时，将实验 3 中手动单脉冲电路的输出接至 $CP_A$，$CP_B$ 接 $Q_A$，按动轻触开关，观察计数过程。然后 $CP_A$ 接连续脉冲（用实验 3 中提供的或从信号发生器获得），用示波器分别观察 $Q_A$、$Q_B$、$Q_C$、$Q_D$ 对应 $CP_A$ 的波形，并用示波器的存储功能将 5 个波形全部显示在屏幕上。

# 实验5　波形发生电路

## 一、实验目的

（1）掌握各种波形发生电路的工作原理。

（2）掌握信号波形参数的测量和调整方法。

## 二、所用器件

本实验将使用 3 种集成运放：μA741、LM324 和 TL084，它们的管脚如图 8-16 所示，LM324 和 TL084 的管脚排列完全相同。

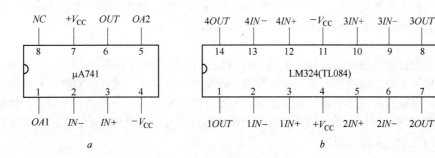

图 8-16　集成运放管脚图

$a$—μA741 管脚图；$b$—LM324（TL084）管脚图

## 三、设计要求

（1）RC 桥式正弦波振荡电路如图 8-17 所示，要求分析其工作原理，明确各器件的作用，合理选择电阻 $R$、电容 $C$ 的值，使电路输出正弦波的频率为 1kHz。

（2）方波、三角波发生电路如图 8-18 所示，说明电路的组成，分析电路的工作原理，计算输出频率。最后选定电路中相关参数，使三角波的幅值是方波幅值的 $\frac{1}{2}$，它们的频率均为 1kHz。

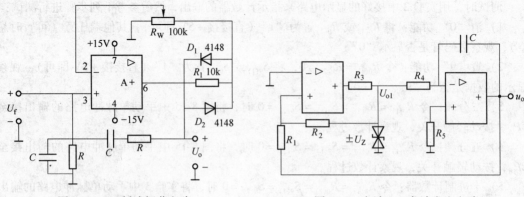

图 8-17　RC 桥式振荡电路　　　　　　图 8-18　方波、三角波发生电路

## 四、实验内容及测试要求

（1）RC 桥式正弦波振荡电路。

按自行设计的实验电路接好电路（集成运放使用 μA741），准备进行实验。

振荡电路的调整：接通 ±15V 直流稳压电源，用示波器观察振荡电路输出端 $U_o$ 的波形。若无输出，可调节电位器 $R_w$，使电路产生正弦振荡，并得到基本不失真的正弦波，然后再进行测量。

1）正反馈系数 $F_u$ 的测定。用万用表的交流挡测量电压 $U_o$ 和 $U_f$，算出 $F_u = \dfrac{U_f}{U_o}$。

2）振荡频率 $f_o$ 的测量。用两种方法测量频率：

①用示波器直接读出；

②李沙育图形法，将 $u_o$ 送入示波器 CH2 通道（Y 通道），再从信号发生器引出正弦信号（幅度与 $u_o$ 相同或相近）送入 CH1 通道（X 通道），按示波器的 main/delayed 键，选择 XY 方式，调整信号发生器输出频率，使之接近输出信号频率，仔细调整，使屏幕上显示一个稳定的椭圆（或圆），此时信号源指示的频率即为振荡器的输出频率。

（2）方波、三角波发生器。

接好自行设计的电路（集成运放使用 LM324），用示波器同时观察 $U_o$ 和 $U_{o1}$ 的波形，如没有波形或波形不正确，请检查电路，排除故障。测量并记录方波和三角波的频率和幅值，并与设计值比较。将电容 $C$ 减小十倍，重新测量，同时注意观察方波的上升沿和下降沿，测量并记录上升和下降时间（可用示波器的自动时间测量功能直接读取），然后把集成运放换为 TL084，测量结果有何变化，并说明原因。

# 实验 6　开关稳压电源控制器 SG3524 及其应用

## 一、实验目的

（1）熟悉脉冲宽度调制（PWM）控制器 SG3524 的工作原理。

（2）学会利用 SG3524 构成开关稳压电源。

## 二、所用器件

所用器件为 SG3524，其内部框图如图 8-19 所示，图中给出了管脚标号。

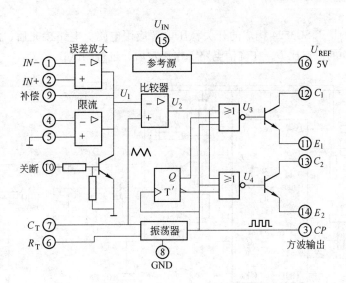

图 8-19  SG3524 的内部框图

## 三、实验内容

按图 8-20 接好电路。

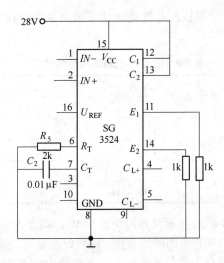

图 8-20  利用 SG3524 构成开关稳压电源电路图

（1）测量 SG3524 内部振荡器的信号频率及幅度。用示波器的两个通道分别观察第 3 脚和第 7 脚的电压波形，测量三角波和方波的频率和幅度范围，改变电阻 $R_5$ 或电容 $C_2$ 的值，观察信号频率的变化。

（2）观察 SG3524 的脉宽控制作用。在第 9 脚输入一可变直流电压（电压范围在已测得的三角波的幅度范围内），用示波器观察第 11 脚和第 14 脚的脉冲波形，观察并记录输出脉宽随输入电压变化的情况。

（3）验证 SG3524 的关断功能。用可调直流电源在第 9 脚加 2～3V 直流电压，使第 11 和第 14 脚产生输出波形。在第 10 脚加入可变直流电压，观察电压升高到一定数值时，输出波形消失。

（4）图 8-21 是用 SG3524 构成的开关稳压电源应用电路。电路接完后，测量输出电压 $U_o$ 和 11 脚输出脉冲的占空比 $D$，在确信电路工作正常后，进行测试：

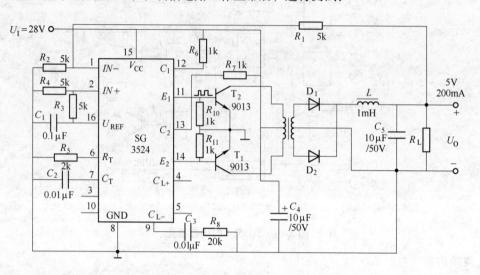

图 8-21　用 SG3524 构成的开关稳压电源应用电路

1）按表 8-9 对其性能进行测试，并将测试结果填入表中，在实验报告中对测试结果作解释。

表 8-9　图 8-21 电路的功能测试表

| 参　数 | 条　件 | | 测试结果 | |
| --- | --- | --- | --- | --- |
| | | | $U_o$ | $D$ |
| 电压调整率 | $R_L = 100\Omega$ | $U_I = 23V$ | | |
| | | $U_I = 33V$ | | |
| 电流调整率 | $U_I = 28V$ | $R_L = 510\Omega$ | | |
| | | $R_L = 51\Omega$ | | |

2）用示波器观察 $U_o$，要求选择示波器的交流（AC）耦合方式，调整垂直轴灵敏度和时间轴灵敏度到能较清楚地观测到输出的波纹为止。测量纹波幅度、频率。改变开关频率（如将 $R_5$ 减为 1k），观察纹波有何变化。然后再改变 $R_L$，观察输出电流对输出电压纹波的影响。

# 附 录

## 附录 A　TTL 和 CMOS 逻辑门电路的技术参数

| 参数（名称）＼类别（系列） | | TTL | | | CMOS | |
|---|---|---|---|---|---|---|
| | | 74 | 74LS | 74ALS | 74HC | 74HCT |
| 输入和输出电流 | $I_{IH(max)}$/mA | 0.04 | 0.02 | 0.02 | 0.001 | 0.001 |
| | $I_{IL(max)}$/mA | 1.6 | 0.4 | 0.1 | 0.001 | 0.001 |
| | $I_{OH(max)}$/mA | 0.1 | 0.4 | 0.4 | 4 | 4 |
| | $I_{OL(max)}$/mA | 16 | 8 | 8 | 4 | 4 |
| 输入和输出电压 | $V_{IH(min)}$/V | 2.0 | 2.0 | 2.0 | 3.5 | 2.0 |
| | $V_{IL(max)}$/V | 0.8 | 0.8 | 0.8 | 1.0 | 0.8 |
| | $V_{OH(min)}$/V | 2.4 | 2.7 | 2.7 | 4.9 | 4.9 |
| | $V_{OL(max)}$/V | 0.4 | 0.5 | 0.4 | 0.1 | 0.1 |
| 电源电压 | $V_{CC}$ 或 $V_{DD}$/V | 4.75~5.25 | | | 2.0~6.0 | |
| 平均传输延迟时间 | $t_{pd}^{①}$/ns | 9.5 | 8 | 2.5 | 10 | 13 |
| 功　耗 | $P_{D}^{②}$/mW | 9.5 | 4 | 2.0 | 0.8 | 0.5 |
| 扇出数 | $N_{O}^{③}$ | 10 | 20 | | 4000 | 4000 |
| 噪声容限 | $V_{NL}$/V | 0.4 | 0.3 | 0.4 | 0.9 | 0.7 |
| | $V_{NH}$/V | 0.4 | 0.7 | 0.7 | 1.4 | 2.9 |

① $t_{pd} = (t_{PLH} + t_{PHL})/2$。

② $P_{D} = [P_{D}(静) + P_{D}(动)]/2$。

③ $N_O$ 指带同类门的扇出数。74HC 和 74HCT 的 $N_O$ 均为 4000，实际上不可能有这么大的数，因 CMOS 门的输入电容较大，约为 10pF。测量条件为 $V_{CC} = 5V$，$C_L = 15pF$，$R_L = 5000\Omega$，$T_a = 25℃$；对于 74HC 和 74HCT，测量频率为 1MHz。更详细的参数，可查阅有关器件的数据手册，本附录的参数引自参考文献 [1]。

# 附录B　常用逻辑符号对照表

| 名称 \ 说明符号 | 本书所用的符号 | 曾用符号 | 国外所用的符号 |
|---|---|---|---|
| 与　门 | | | |
| 或　门 | | | |
| 非　门 | | | |
| 与非门 | | | |
| 或非门 | | | |
| 与或非门 | | | |
| 异或门 | | | |
| 同或门 | | | |
| 集电极开路与非门 | | | |
| 三态输出与非门 | | | |
| 传输门 | | | |
| 半加器 | | | |

| 说　明<br><br>名　称 | 本书所用的符号 | 曾用符号 | 国外所用的符号 |
|---|---|---|---|
| 全加器 | | FA | FA |
| 基本 RS 触发器 | | | |
| 同步 RS 触发器 | | | |
| 上升沿触发 D 触发器 | | | |
| 下降沿触发 JK 触发器 | | | |
| 脉冲触发（主从）JK 触发器 | | | |
| 带施密特触发特性的与门 | | | |

注：本书所用符号为国标符号，传输门无国标。

# 参 考 文 献

[1] 康华光. 电子技术基础（数字部分）[M]. 5 版. 北京：高等教育出版社，2008.

[2] 熊年禄. 数字电路[M]. 武汉：武汉大学出版社，2008.

[3] 何耿明. 电子技术简明教程[M]. 北京：科学出版社，2003.

[4] 张恩沛. 电路与电子技术实训教程[M]. 北京：科学出版社，2003.

[5] 林涛. 数字电子技术[M]. 北京：清华大学出版社，2006.

[6] 阎石. 数字电子技术基础[M]. 4 版. 北京：高等教育出版社，1998.

[7] CEAC 信息化培训认证管理办公室. 电子技术初步（数字电路）[M]. 1 版. 北京：高等教育出版社，2006.

[8] 侯志勋. 电路与电子技术简明教程[M]. 北京：北京邮电大学出版社，2006.

# 冶金工业出版社部分图书推荐

| 书　名 | 定价(元) |
| --- | --- |
| 计算几何若干方法及其在空间数据挖掘中的应用 | 25.00 |
| 粒子群优化算法 | 20.00 |
| 数据库应用基础教程——Visual FoxPro 程序开发 | 36.00 |
| Visual C++环境下 Mapx 的开发技术 | 39.00 |
| C++程序设计 | 40.00 |
| 构件化网站开发教程 | 29.00 |
| 复杂系统的模糊变结构控制及其应用 | 20.00 |
| 80C51 单片机原理与应用技术 | 32.00 |
| 单片微机原理与接口技术 | 48.00 |
| 单片机实验与应用技术教程 | 28.00 |
| VRML 虚拟现实技术基础与实践教程 | 35.00 |
| 智能控制原理及应用 | 29.00 |
| 过程检测控制技术及应用 | 34.00 |
| 液压传动与控制(第 2 版) | 36.00 |
| 液压传动与气压传动 | 39.00 |
| 电机拖动基础 | 25.00 |
| 电子皮带秤 | 30.00 |
| 可编程序控制器及常用控制电器(第 2 版) | 30.00 |
| 电工与电子技术(第 2 版) | 49.00 |
| 机电一体化技术基础与产品设计 | 38.00 |
| Pro/E Wildfire 中文版模具设计教程 | 39.00 |
| Mastercam 3D 设计及模具加工高级教程 | 69.00 |
| 电液比例与伺服控制 | 36.00 |
| 机械电子工程实验教程 | 29.00 |
| 微电子机械加工系统(MEMS)技术基础 | 26.00 |
| 电子产品设计实例教程 | 20.00 |
| 自动控制原理(第 4 版) | 32.00 |
| 过程装备力学分析 | 18.00 |
| 机械工程基础 | 29.00 |
| 起重运输机械 | 32.00 |
| 运筹学通论 | 30.00 |